イラスト・文
ブニップクルーズ／中村辰美

PUNIP
cruises

船体解剖図 NEO

ナゾに満ちた
船の内部の
透視図鑑

JN073451

はじめに

この本を手にとっていただき、ありがとうございます。

前作に当たる弊著「船体解剖図」でも書きましたが、一般の方々にとって船というのは他の乗り物に比べて馴染みが薄く、たとえお客さんとして乗ったとしても立ち入ることが出来るのは公共スペースや自分の部屋ぐらいで、船を操る部屋やエンジンのある部屋、船長室などは何処にあるのかすらも分かりません。

ましてや貨物船、タンカーや調査船といったお客さんの乗れない船の内部はごくまれにある特別公開イベントにでも参加しない限りは近づくことさえ難しい存在です。

ところが船ほど内部で衣食住の生活を営むことの出来る乗り物はほとんどゼロに等しく、そこでは船を預かる船長を頂点として一つの社会が築かれています。

そして島国である我が国の物流、経済の基本を支えてくれる大切な存在でもあります。

この本では前著に引き続き、船という特別な乗り物の内部を表皮を切り開く解剖のように図解して見ました。

この本を通じて、そんな楽しい船の内部を探検してみてください。

> ご注意
> 解剖図は過去に存在した船を除き、執筆した2023年（令和5年）4月現在における各船舶の状態を描いています。
> 各部屋、調度品、艤装品、機器類等の配置、数、色合い等はあくまでもイメージであって正確なものではありません。またそれらには原則として各々の船で使用されている名称を書いていますが、操舵室（ブリッジ・船橋）、煙突（ファンネル）、調理室（厨房・ギャレー）、揚錨機（ウインドラス）は統一しています。
> メインエンジン（主機）の出力は読者の混乱を防ぐため、新しい船もすべて馬力表記に統一していますが、電気推進船のエンジン（発電機）は主にキロワットkw表記をしています。

NEO 第1章 乗るフネ

さんふらわあ くれない

NEO 第2章 働くフネ

ほだか丸

懐かしのフネ
第4章
NEO

くれない丸（3代目）

学ぶ・調べるフネ
第3章
NEO

しらせ

船体解剖図
NEO
PUNIP cruises
CONTENTS

NEO

第1章

乗るフネ

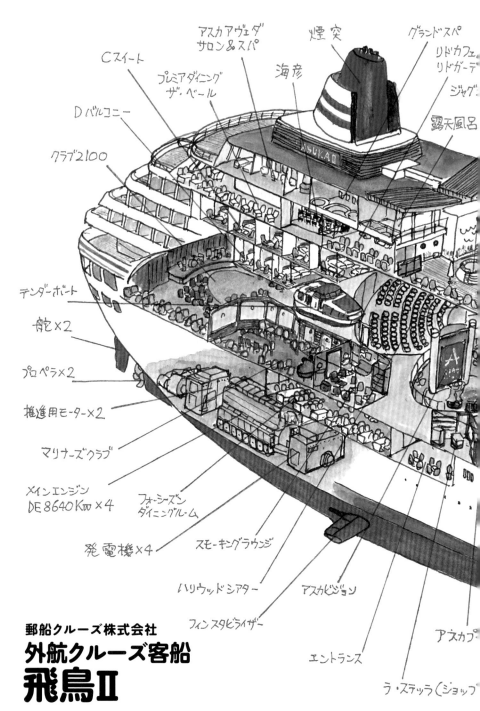

アスカアヴェダ
サロン&スパ

煙突

グランドスパ

Cスイート

プレミアダイニング
ザ・ベール

海彦

リドカフェ
リドガーデ

Dバルコニー

ジャグ

露天風呂

クラブ2100

テンダーボート

舵×2

プロペラ×2

推進用モーター×2

マリナーズクラブ

メインエンジン
DE 8640 Kw×4

フォーシーズン
ダイニングルーム

発電機×4

スモーキングラウンジ

ハリウッドシアター

アスカビジョン

フィンスタビライザー

エントランス

アスカブ

ラ・ステッラ(ショップ

郵船クルーズ株式会社

外航クルーズ客船

飛鳥II

アメリカ育ちで歴代日本最大のクルーズ客船

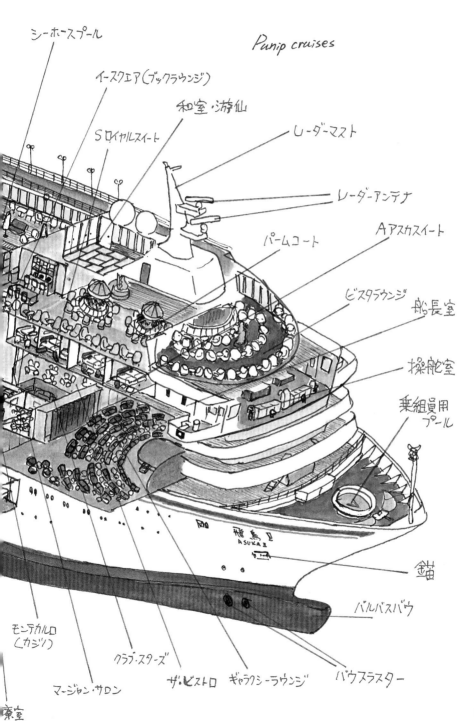

シーホースプール

イースクエア（ブックラウンジ）

和室・游仙

Sロイヤルスイート

Punip cruises

レーダーマスト

レーダーアンテナ

Aアスカスイート

パームコート

ビスタラウンジ

船長室

操舵室

乗組員用
プール

錨

バルバスバウ

モンテカルロ
（カジノ）

クラブ・スターズ

マージャン・サロン

ザ・ビストロ

ギャラクシーラウンジ

バウスラスター

豪室

009

日本郵船の客船計画の
フラッグシップ誕生

　船に興味を持ったばかりの少年時代、横浜港大さん橋には世界各国から様々な客船がやってきていたが、4万トンを超える客船を見たのは英国の老舗P＆O社のキャンベラ（4万5733トン）が最初だった。

当時、世界でもトップクラスの大きさを誇っていたその巨体は少年時代の私の眼には文字通り雲をつく大きさで、1万トン前後の貨客船数隻しかなかった我が国にこれを超える船が現れることは無いだろうと思っていた。

　やがて時は流れて昭和末期、氷川丸の北米航路の撤退以来、旅客サービスから二十数年遠ざかっていた日本郵船が突如としてクルーズ事業に乗り出すことを発表。

　松竹梅プロジェクトと名付けられ3隻のクルーズ客船を次々に建造するというその計画のトップには外国船籍とはいえ、昔見て憧れたキャンベラを凌ぐ5万トンのクルーズ客船が存在することが発表され、心を踊らされたものだった

　彼女の名はクリスタルハーモニー。当時最新だった客船を手本として多くの客室にベランダ付きを採用、北米を中心としたクルーズは新参者でありながら日本生まれのきめ細やかでハイグレードなサービスで高い人気を博した。

　一方、このプロジェクトには日本市場向けとして日本船籍の飛鳥が存在し（もう1隻は外国船籍の小型クルーズ客船）、そちらも日本最初の3万トン近い本格的クルーズ客船ということで人気があり、やがて予約が取れない状況になっていた。

飛鳥から飛鳥Ⅱへ

　そこでさらに大きな客船を考えた郵船クルーズは2006年、この飛鳥をドイツに売却してクリスタルハーモニーをその代替として日本船籍を取得、横浜港を母港とした国内向け本格クルーズ客船として生み出したのがこの飛鳥Ⅱである。

　横浜の造船所で改装を終え試験航海する様子を小型飛行機から眺めるという貴重な経験をした際、日本郵船の二本の赤いラインを纏った煙突の彼女が東京湾をしずしずと入ってくる姿を見て、「ああ、ついに少年時代に憧れたあのキャンベラを超える客船が日本にも生まれたのか……」と狭い機内で感動に包まれたことをはっきり覚えている。……といっても世の中は既に10万トンを遥かに超える客船が続々と建造される時代に入っていて、彼女は中型クルーズ客船の部類に入りつつあったが……。

　その後、ほぼ同じ時期に建造された商船三井客船のにっぽん丸、最も新しくカジュアルさが売りのぱしふぃっくびいなすと日本市場の中で仲良く競い合い、3隻とも違った個性を売り物にして日本にもクルーズというものを浸透させていく原動力となっていった。

欧米の本格的なクルーズ気分の
船内設備

　この飛鳥Ⅱ、クルーズ先進国で目の肥えた欧米人の乗客をターゲットにして建造された船なだけに大きさもさることながら船内の公室設備やベランダ比率約60％の客室設備もそれまでの日本のクルーズ客船と比べて遥かにグレードが高く、充実している。

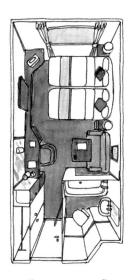

[　　Fステート　　]

ベーシックな客室だが、全室にバスタブが備わっている。同じレイアウトで少し価格が安い代わりにボートで視界が妨げられる客室もある。

なかでも私が好きなのは11階の前方に位置するパームコートと呼ばれる開放的なラウンジとそれにつながる最前部のビスタラウンジだ。

特にビスタラウンジはホワイトとブルー

でインテリアを統一し、夜間は照明を落とし気味にして一種独特の幻想的な雰囲気を醸し出している。

もう一つ、かつてシガーバーと呼ばれていたスモーキングラウンジも格調高いシックなインテリアで戦前の太平洋定期航路の客船のラウンジをほうふつとさせられて好みの場所だ。私自身煙草は苦手なのだが、喫煙者のいない状態で入室していると換気が行き届いているため煙草臭さはほとんど感じられず、つい長居をしてしまう。

このようにこれまでの日本のクルーズ客船の中では最も欧米の本格的なクルーズに近い雰囲気が味わえ、洗練されたハイグレードなサービスと食事に対して設定されたクルーズ代金は支払う価値は十分にあると思う。

船齢は33年を経過しているが、内装やデッキに各所に本物の高級木材を使うなど最近の船では得られないクラシックな良さを持っている。

船主の郵船クルーズでは2025年を目途に環境に配慮したLNG燃料の新造船を計画しており、そちらの完成も実に楽しみだ。

飛鳥II

主要目

1990年7月 三菱重工業長崎造船所建造
総トン数50,444トン　長さ241m　幅29.6m
最高速力21ノット　最大旅客定員872名
横浜港発着をメインとして国内クルーズや世界一周クルーズなどの海外クルーズにも幅広く就航中

長距離フェリー
さんふらわあ さっぽろ

伝統の太陽マークを付けた、首都圏から
北海道を結ぶ人気フェリー

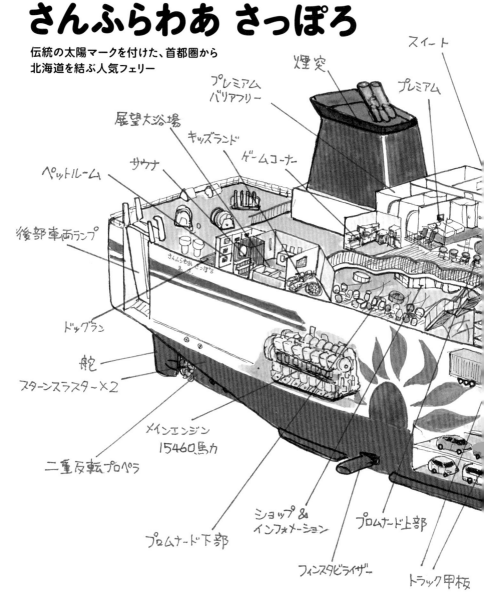

スイート

煙突

プレミアム
バリアフリー

プレミアム

展望大浴場

キッズランド

ゲームコーナー

サウナ

ペットルーム

後部車両ランプ

さんふらわあ
さっぽろ

ドッグラン

舵

スターンスラスター×2

メインエンジン
15460馬力

二重反転プロペラ

ショップ＆
インフォメーション

プロムナード上部

プロムナード下部

フィンスタビライザー

トラック甲板

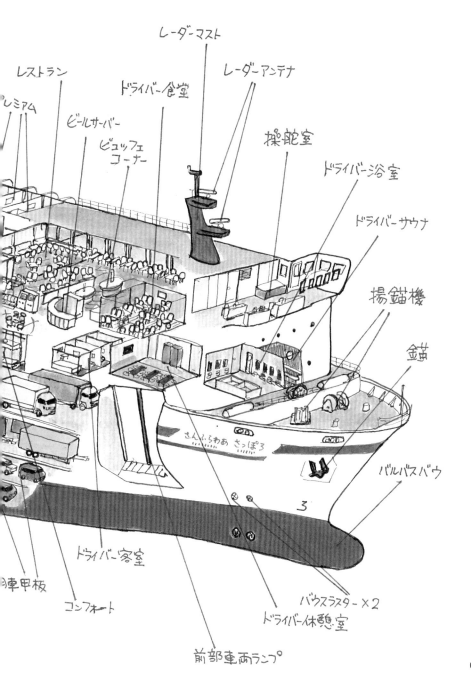

レーダーマスト

レーダーアンテナ

レストラン

ドライバー食堂

プレミアム

操舵室

ビールサーバー

ドライバー浴室

ビュッフェ
コーナー

ドライバーサウナ

揚錨機

錨

さんふらわあ さっぽろ

3

バルバスバウ

ドライバー客室

車甲板

コンフォート

バウスラスター×2

ドライバー休憩室

前部車両ランプ

夕方便に投入された
横浜生まれの新造船

　本州から津軽海峡を隔てた北海道……青函トンネルで鉄道では行けても車で直接乗り入れることは現在でも出来ないため、昔から多くの本州〜北海道のフェリー航路が就航している。

　首都圏からの航路の歴史も古く、かつては東京から苫小牧と釧路に向かう二つの航路があったが、東京湾を抜けて房総半島を大回りする時間のロスを防ぐためと、常磐自動車道の整備により、ショートカットできる茨城県の大洗と太平洋側では最も札幌に近い苫小牧に一本化されていった。

　現在は商船三井フェリーがその苫小牧航路の運航を一手に担っている。

　今までの同社の経緯を詳しく述べているととても複雑なので省くが、現在同社はこの苫小牧航路で夕方出港して翌昼過ぎに目的地に着く夕方便と、深夜、日付が変わってから出港して目的地に当日の夜に着く深夜便と二つのダイヤを運航している。

　どちらの航路も前身だった会社やライバルだった会社から譲り受けたフェリーを走らせていたが、2017年、満を持して旅客比率の高い夕方便に同社として初めての新造船を就航させたのが、このさんふらわあ さっぽろ（3代目）姉妹船のとさんふらわあ ふらの（2代目）である。

珍しい右舷寄りの
二層吹き抜けプロムナード

　船内のインテリアデザインはクルーズ客船にっぽん丸のインテリアデザインで定評のある渡辺友之氏の手によるもので丸窓や伝統的な調度品使いや温かみのある色調など、乗った人を落ち着いた気持ちにさせる内装になっている。

　乗船するとすぐに目を惹くのは日本国内ではこの姉妹が初めて、世界中でも珍しい右舷側にオフセットされて配置された2層吹き抜けのアトリウムのプロムナードロビーだろう。

　大きな窓や手すりに沿うようにイスがたくさん並べられ、苫小牧からの南行きの航海では日の出時刻から入港まで、快適な環境で移り行く美しい沿岸風景を眺めることが出来る。

　バイキング料理が楽しめるレストランは逆に左舷側に配置されていて大洗からの北行き航海では沿岸風景を眺めながら食事をとることが出来るようになっている。また大浴場には広いサウナが備わっているのも嬉しい。

　南行きの午前中の航海ではプロムナード下部の案内所で運が良ければこの会社の名物船長Ｙ氏による優しい語り口の沿岸風景案内を聴くことが出来るかも知れない。海と船をこよなく愛する彼の話は航路の解説だけにとどまらず、乗っている船のことなどとても分かりやすく優しい口調で喋ってくれるので終わった後は拍手が鳴りやまない。

バリエーション豊富な客室

　一方、一般乗客用の客室はたった1部屋しかないバルコニー付きで約38㎡のスイートから昔ながらの畳敷きの大部屋のツーリストまでバリアフリー室やウィズペット室も入れると9つのグレードに細かく分かれている。

　残念ながらこの船には最近の長距離フェリーに多く採用されている1名用の個室は備わっていないが、多くの2人用の個室は時期によっては貸し切り料金を取られずに1名利用が出来るのでその時期をうまく活用した

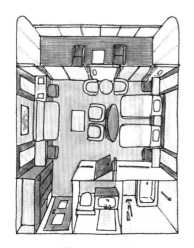

〔 プレミアム 〕

総ウッドデッキの広いバルコニーがあるため開放感は抜群で、まるで高級外航クルーズ客船に乗っているような気分が味わえる。

い。

　私がよく利用するのは、上から二番目のプレミアムという屋根のない正真正銘のバルコニー（個室のオープンデッキで頭上に屋根があるのがベランダ、無いのがバルコニーなのだが、語感イメージがいいので屋根

があってもバルコニーを名乗る船もある）とバストイレ付の部屋でなかなか広々として気持ちがいい。

年に数往復の深夜便特別運航

　そして、ここでお得情報をもうひとつ、前述したようにこのさっぽろ／ふらの姉妹、いつもは夕方便を走っているのだが、年に6往復ほど、通常の物流メインの深夜便の船がドック入りしている際にはどちらかが深夜便に就航することがある。

　私も最近初めてこの夕方便の深夜運航を利用したが、部屋も自由に選べて（通常の深夜便はカジュアルルームと呼ばれる4人相部屋のみ）、食事もレストランで調理されたものが食べられ（通常の深夜便の食事は自動販売機）、なによりも昼間の航海で美しい三陸海岸の景色をずっと眺めていられると言う船好きにとって最高の航海だった。冬季のオフシーズンに限定されるので乗船できるハードルは高いが機会があればご利用されるといいと思う。

さんふらわあ さっぽろ
（3代目）

主要目

2017年10月 ジャパンマリンユナイテッド磯子工場建造

総トン数13,816トン　長さ199.7m　幅27.2m

最高速力24ノット　最大旅客定員590名

大洗〜苫小牧航路に就航中

長距離フェリー
さんふらわあ くれない

日本最初のLNG燃料の豪華フェリー

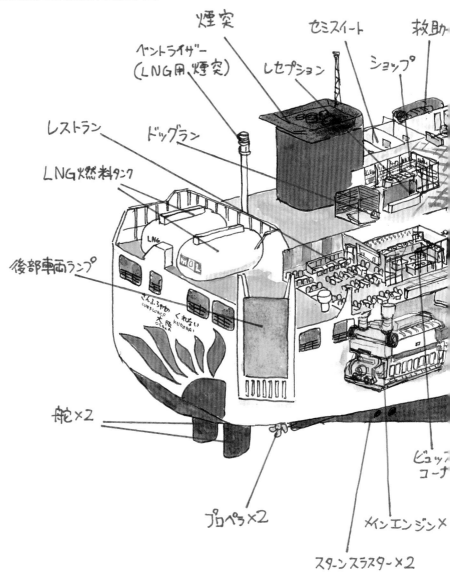

煙突

セミスイート

救助

ベントライザー
（LNG用煙突）

レセプション

ショップ

レストラン

ドッグラン

LNG燃料タンク

後部車両ランプ

舵×2

プロペラ×2

ビュッフェ
コーナ

メインエンジン×

スターンスラスター×2

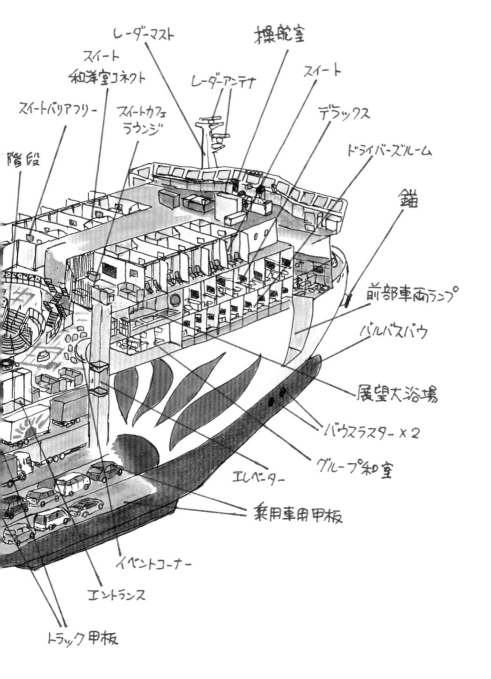

レーダーマスト
スイート
和洋室コネクト
操舵室
スイート
レーダーアンテナ
デラックス
スイートバリアフリー
スイートカフェ
ラウンジ
ドライバーズルーム
階段
錨
前部車両ランプ
バルバスバウ
展望大浴場
バウスラスター×2
グループ和室
エレベーター
乗用車用甲板
イベントコーナー
エントランス
トラック甲板

伝統の船名を引き継ぐ航路

瀬戸内海航路の老舗会社、関西汽船の花形航路である阪神〜別府間は昔から名だたる客船が就航していた。（本著146ページの「くれない丸」の項を参照）。

同航路の客船は時を経てさんふらわあ あいぼりとさんふらわあ こばるとの2隻の大型フェリーに引き継がれ、会社名が「フェリーさんふらわあ」に変わった後も人気があったが2023年に引退、そして生まれたのがこの「さんふらわあ くれない」と「さんふらわあ むらさき」という2隻の瀬戸内海航路最大サイズのフェリーだ。

前身の2隻がそうであったように船名にはかつて関西汽船が同航路で運航していた客船のくれない丸とむらさき丸から継承されており、この船にかける会社の強い意気込みが感じられる。

とくにこのさんふらわあ くれないの船名の元となったくれない丸（紅丸）は初代から就航当時に画期的な船として知られ、3代目のくれない丸は63年というありえないほどの長きにわたって横浜港のレストラン船として活躍した。既刊「船体解剖図」ロイヤルウイングの項を参照）そしてまさにその引退の年にこの船が就航という事実になにか運命的なものを感じてしまう。

船尾の巨大な燃料タンク

大阪南港のさんふらわあターミナルに停泊する姿を眺めるとこれまでの船から47m近く長くなった船体はとても大きく立派に見える。

そして船尾のデッキに設置された2つの巨大な燃料タンクがすぐに目に入ってくる。

この船は日本初のLNG（液化天然ガス）燃料フェリーであり、このタンクこそ航行中のエンジンの燃料として使う貯蔵タンクである。LNGと通常のA重油を併用するディーゼルエンジン（デュアルフューエルエンジン）を使うことで二酸化炭素の排出量を約25%、硫黄酸化物の排出量をほぼゼロにするという非常に優れた環境性能を持つ。

実際に後部の露天甲板から煙突を眺めると、普通の船であれば見えるはずの煙突から立ち上る排煙がほとんど見えない。つまりそれだけきれいな排出ガスというわけだ。

ちなみにA重油との併用といってもA重油を使うのはエンジン始動時などごく一部に限られ、通常の航海時はほとんどLNGを使うとの事だった。

クリーンな排気のほかにも振動や騒音が少なくなる効果もあるらしく、実際に乗船した時もディーゼルエンジンにありがちな振動はとても少なく感じられた。

まるでクルーズ客船のインテリア

船内に入るとまず3層吹き抜けになったアトリウムに圧倒される、3層という高さももちろんその左右の広がりがすごく、本来さほど幅が変わらないはずの他のどの長距離フェリーよりもずっと広大に感じる。

中央にあるブルーグリーンに輝く階段は裾の部分が階下に行くにしたがって大きく広がり、映画で見るRMSタイタニックの大階段Grand Staircaseを連想させてとても優雅な気分になれる。その天井にはプロジェクションマッピングで船内の様子や観光案内、星空などが映し出され、階段に座って眺めることが出来て飽きることがない。

またこの船は乗客のどんなニーズにも対応できるようにきめ細かく客室のタイプが分

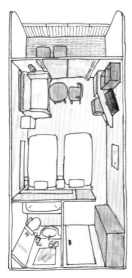

[スイート]

あたたかみのある和風のインテリアの客室の他にもス
イート和洋室コネクトとセミスイートコネクトをつなげて
使えるコネクティングスイートがある。

かれているのが特徴と言えよう。バリアフリー対応の客室を除いて、すべてバルコニーがついたスイートは内装がまるで高級日本旅館を思わせるような造りで専用のラウンジ

も用意されている。

また3世代家族が2つの部屋をつなげて便利に使えるコネクティングルームがスイートとデラックスそれぞれに用意され、デラックスにはペットを連れて泊れる部屋もある。

リーズナブルなグレードは一人用個室、二人用個室、3～4人のグループ用、さらに二段ベッドの部屋まで全部でなんと16ものタイプの部屋に分類されている。したがって初めて乗ろうと思うと、かなりこの客室選びで頭を悩ませそうだが、それもまたこの航路の船旅の楽しさになるのかもしれない。

このようにLNG燃料船という先進性もさることながら、内装がクルーズ客船並みに格段に向上して船が移動手段であることを忘れさせてくれる画期的な船に仕上がっている。乗船が夜の19時前後で下船が翌朝の7時前後という12時間ほどの航海なので、この船の良さをじっくり味わっている時間的余裕が少ないのが残念なところではあるがこの会社、年に何回か、昼間の瀬戸内海を走る特別航海を実施しているので、この船が使われる際はぜひとも乗ってみたいものだ。

さんふらわあ くれない

主要目

2023年 三菱重工業下関造船所建造
総トン数17,114トン　全長199.9m　幅28m
航海速力22.5ノット　旅客定員716名
大阪南港～別府航路に就航中

宮崎カーフェリー
長距離フェリー
フェリーたかちほ
伝統の宮崎航路に伝説の鳥のマークが復活

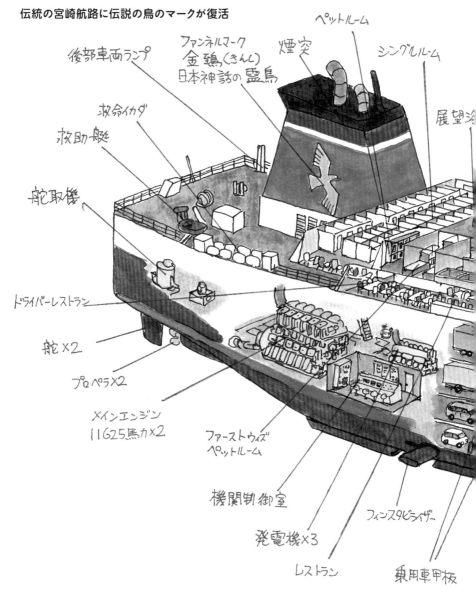

ペットルーム

ファンネルマーク
金鵄（きんし）
日本神話の霊鳥

煙突

シングルルーム

後部車両ランプ

展望

救命イカダ

救助艇

舵取楼

ドライバーレストラン

舵×2

プロペラ×2

メインエンジン
11625馬力×2

ファーストウィズ
ペットルーム

機関制御室

発電機×3

レストラン

フィンスタビライザー

乗用車甲板

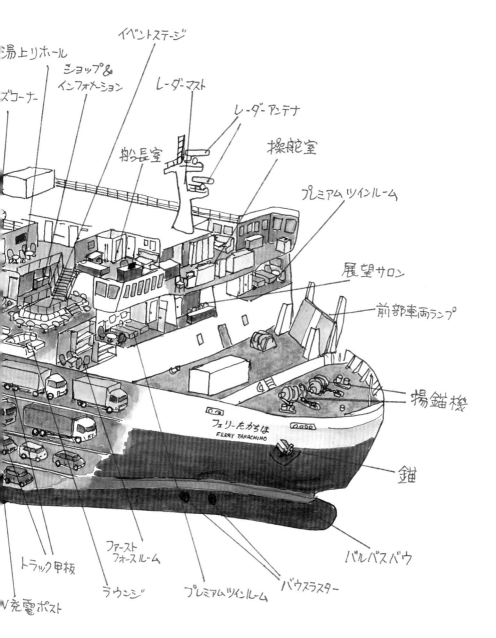

湯上りホール

ショップ＆
インフォメーション

ズコーナー

イベントステージ

レーダーマスト

レーダーアンテナ

船長室

操舵室

プレミアムツインルーム

展望サロン

前部車両ランプ

揚錨機

錨

フェリーたかちほ
FERRY TAKACHIHO

バルバスバウ

トラック甲板

ファースト
フォースルーム

ラウンジ

プレミアムツインルーム

バウスラスター

V充電ポスト

巨大な煙突が天を衝く新造船

　宮崎港に停泊する深紅の長距離カーフェリー。

　スクラバーと呼ばれる排気ガス浄化装置を組み込んだあきれるほど巨大な煙突には大きな鳥の絵が描かれ、周囲を圧倒する雰囲気を漂わせている。

　この船が最近完成したばかりの宮崎カーフェリーの新造船、「フェリーたかちほ」と「フェリーろっこう」の姉妹である。

　煙突の鳥の絵は同社のルーツともいうべき、かつて存在した東京のフェリー会社の日本カーフェリー（株）が川崎と日向細島（宮崎県）を結ぶ航路に就航させていた所有船の煙突に描かれてあった金鵄と呼ばれる日本神話に出てくる伝説の鳥で、その日本カーフェリーが後年に立ち上げた神戸～日向細島航路が実に複雑な紆余曲折を経ながら続いているのが現在の宮崎カーフェリーの神戸～宮崎航路なわけだ。

　そして就航以来25年を経過した従来のフェリー、「こうべエキスプレス」と「みやざきエキスプレス」を海外売船して同航路に就航させたのがこの姉妹で、船名は公募で決められ、5000名を超える応募者の中から選ばれた名前とのこと。もちろん私も応募したのだが見事に外れてしまった。

中央にステージを持つ
独特のアトリウム

　エントランスから船内に入ると今では長距離カーフェリーの定番となってしまった感のある2層吹き抜けアトリウムロビーが待っているのだが、ちょっと他社とは違うのはその上下階を結ぶ大きな階段の途中に踊り場というには広すぎる長方形のスペースが存在している点だろう。

　その周囲には椅子やソファが並べられちょっとしたラウンジのようになっていて、そのスペースを眺めることが出来る。つまりこの広い踊り場はイベントスペースの舞台として使えるわけだ。

　実際にここではプロのイベントやライブが行われていて観覧料無料で見られるのだが、毎日やっているわけではなく、空いている日には「海の上の発表会」と称して乗船者で音楽やパフォーマンスの出来る方（ただし神戸や宮崎にゆかりのある方）が申し込みの上、披露できるという面白い企画も行っている。出演料は出ないものの、乗船代は負担してくれるとの事なので歌、楽器、マジック、ダンスなど腕に覚えのある方でこの航路を使う予定がある際は応募してみてはいかがだろうか。

　ブリッジ下の階の上下4か所には展望サロンと呼ばれる船首に面した小部屋が密かに設けられていて日中は前方の景色を見ることが出来る。ただ一室の面積が6畳ほどで椅子も数席しかなく、かなり狭いのでひと家族もしくはカップル専用といっていいだろう。

　この船は他にも吹き抜け上階の大浴場入り口付近には「湯上りホール」と呼ばれる休憩スペースがあるなど従来の船に比べると公室スペースはかなり充実している。

　レストランはバイキング形式で面積もかなり広く、メニューも豊富で美味しい。しかし私のように高齢になってくると若いころに比べて食が細くなっている割には貧乏人根性で食い意地だけは張っており、美味しそうなメニューがずらりと並んでいるとどうしても取り過ぎてしまう。そして、食べ終わった後には

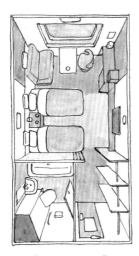

〔プレミアムツイン〕

この他に3人用のプレミアムトリプルと車椅子対応の
プレミアムバリアフリーの合計3タイプがあり、すべて
カードキー対応になっている。

いつもお腹が苦しくなって後悔を繰り返して
しまうため、こういったバイキング形式は痛し
かゆしといったところかもしれないが。

年に数回の瀬戸内海航路

　航路は神戸、宮崎ともに19時10分に

出港、高知沖を通って翌朝には到着する
太平洋回りだが、年に数回、海上気象の
状況によっては瀬戸内海を通るコースをたど
ることもあるとのこと。瀬戸内海の3つの巨
大橋をくぐり、深夜の潮の流れの速い来島
海峡を通過し、豊予海峡を抜けていくとい
うレアなコースは1時間半から2時間ほど余
計に時間がかかり、操船している乗組員さ
んは大変ではあるが船旅マニアは一度は経
験してみたいコースかもしれない。

　ちなみに宮崎港では以前からタグボート
が常に待機していて、風の強い日の入港
時はデッキに出て眺めているとまるで大型の
外航クルーズ客船の入出港時にみるような
タグボートが手伝うという光景を間近で見る
ことが出来るのも面白い。

　北海道などの北日本にお住まいの方が一
年を通じて温暖で晴れる日が多い宮崎方面
に観光で来られる際は、南九州地方までの
航空直行便が無いため関西の諸空港を経
由してぜひこのフェリーに乗船して向かわれ
ることをお勧めしたい。

フェリーたかちほ

主要目

2022年 内海造船因島工場建造

総トン数14,006トン　全長194m　幅27.6m

航海速力23ノット

神戸～宮崎航路に就航中

マリックスライン株式会社

離島航路長距離フェリー
クイーンコーラルクロス

丸一日以上をかけて5つの南の島を巡る伝統のフェリー

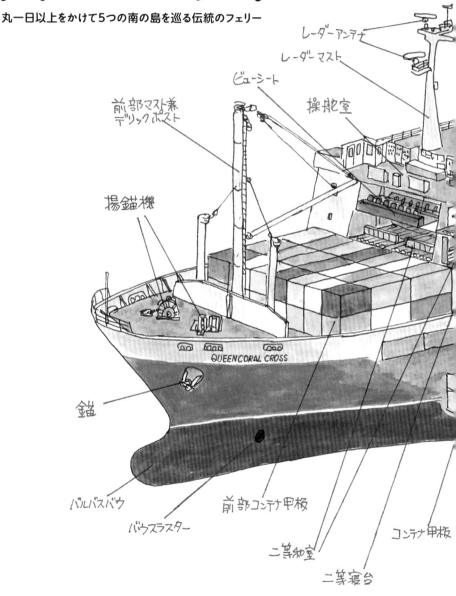

レーダーアンテナ

レーダーマスト

ビューシート

操舵室

前部マスト兼
デリックポスト

揚錨機

錨

QUEENCORAL CROSS

バルバスバウ

バウスラスター

前部コンテナ甲板

二等和室

二等寝台

コンテナ甲板

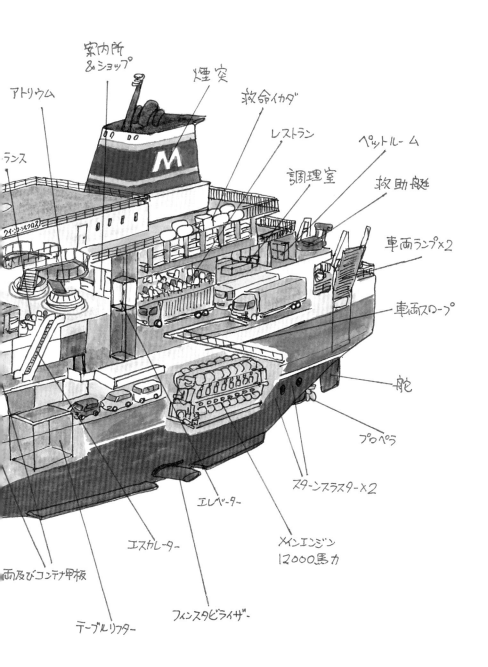

案内所&ショップ

煙突

救命イカダ

アトリウム

レストラン

ペットルーム

ランス

調理室

救助艇

クイーンサラルクロスト

車両ランプ×2

車両スロープ

舵

プロペラ

スターンスラスター×2

エレベーター

メインエンジン
12000馬力

エスカレーター

両及びコンテナ甲板

フィンスタビライザー

テーブルリフター

代々受け継がれる船名

私が船好きの少年だったころ、東京からはるか南の鹿児島〜奄美群島航路に一隻のとてつもなくスタイリッシュなカーフェリーが登場した。

彼女の名は「クイーンコーラル」　当時の離島ブームに乗って観光船としてのイメージを前面に打ち出し、レストランシアターやラウンジなど公室設備も充実、プールやデッキゴルフまで備え、外航クルーズ客船を思わせるような外観など船マニアにとっても強い憧れの一隻だった。

時は流れ、このクイーンコーラルの名を冠した船は何隻も代替わりしていくが、航空路線の発達により観光目的で乗る旅行客は年々減少、次第に生活航路的な貨客フェリーに変貌していった。

そんな中、クイーンコーラルとしては8隻目となるフェリーとして鹿児島〜奄美群島〜沖縄航路に登場したのが歴代最大の大きさを誇るこのクイーンコーラルクロスだ

コンテナ貨物船と旅客フェリーの中間的デザイン

鹿児島新港で見る姿は乗用車用の低い車両甲板が一層だった初代に対してトラック用車両甲板が二層あるためか乾舷が高く大きく見える。

そして本土の長距離フェリーと大きく違うのが、船首の操舵室前に一本のデリッククレーンを備えて独立した貨物倉があることだろう。このあたりが大型トラックやコンテナシャーシよりも小型の10フィートコンテナが主体の離島航路の輸送事情をよく表している。

奄美諸島の各港ではそんな小型コンテナ

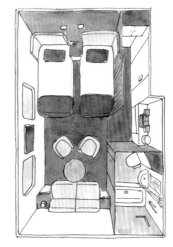

［特等］

ソファが変形してベッドになるため定員3名。部屋の雰囲気は同じデザイナーの手による伊豆諸島航路のフェリーあぜりあの一等室に似ている。

の積み込み作業がフォークリフトを使って素早くてきぱきと行われており、よくフォークリフト同士ぶつからないなぁと思うのだが、そこはベテラン作業者同士の阿吽（あうん）の呼吸により事故はまったくないそうである。そんな作業をデッキから見ていると、徳之島では同島名産の黒毛和牛がコンテナサイズの檻に入れられて運ばれていくのを見ることも出来てとても面白い。

船内に入るとブルーを基調にした2層のアトリウムが出迎えてくれるが円形の吹き抜けの中央に一本の渡り廊下の様な通路が通り、独特な雰囲気を出していて楽しい。

このインテリアは高速フェリーのナッチャンworldや貨客船おがさわら丸、さるびあ丸、シルバーティアラなど数々の客船、フェリーの内装を手掛けてきた船舶インテリアデザイナーの笠井統太氏の手によるもので

あったが、悲しいことにこの船の内装を手掛けたのを最後に急逝してしまわれた。私も何度かお会いしてお話ししたことがあったが、とても気さくで明るく楽しい方だった。

そんな彼の遺作となるインテリアパースが船内案内所近くの壁面に飾られているので乗船の際はぜひご覧いただきたいと思う。

旅客用の甲板は2層に分かれ、上階の4階は主に2等の和室とベッド室で占められているが、前後をほぼ一直線で3本の通路で分けられているので非常にわかりやすい。そして最前方の操舵室真下には狭いながらも眺めのいい展望室（ビューシート）が設けられているのも嬉しい。

3階はアトリウムを挟んで前方が主に2等室、後半の左舷側がレストラン、右舷側が主に1等、特等の上級シートとこれも分かりやすい。特に特等室は普通の船だと上層階の最前部にあって眺めはいいが不便なところにありがちなところ、この船では下層階だが案内所や売店、レストランの入り口があるアトリウムにとても近くて便利なところにあるのが面白い。

各島伝いの楽しい航路

下りでは鹿児島を18時に出港して、奄美大島、徳之島、沖永良部島、与論島と奄美群島の各島そして沖縄本島の本部港を経由して那覇港に翌日の19時に到着する25時間、上りでは那覇を朝の7時に出港してまったく逆のコースをたどって翌朝の8時30分に到着する25時間30分のこの船旅、寄港地の少なく夜間航海が主流の本土のフェリーに比べると昼と夜の航海を味わいながらも数多くの島々に立ち寄れて終始飽きることのないルートになっている。

このクイーンコーラルクロスの他にも同じ航路をこのマリックスラインとマルエーフェリーの2社で合計4隻のそれぞれタイプの違う船が就航していてどれに乗っても快適な船旅が楽しめる。

東京からでも那覇まで航空機であればほんの2時間半ほどで着いてしまう沖縄旅行も、もし時間に余裕があるのならばこんなのんびりした船旅を試してみるのはいかがだろうか。

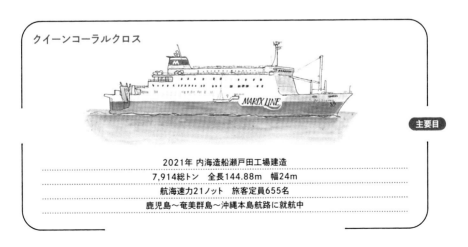

クイーンコーラルクロス

MARIX LINE

主要目

2021年 内海造船瀬戸田工場建造
7,914総トン　全長144.88m　幅24m
航海速力21ノット　旅客定員655名
鹿児島〜奄美群島〜沖縄本島航路に就航中

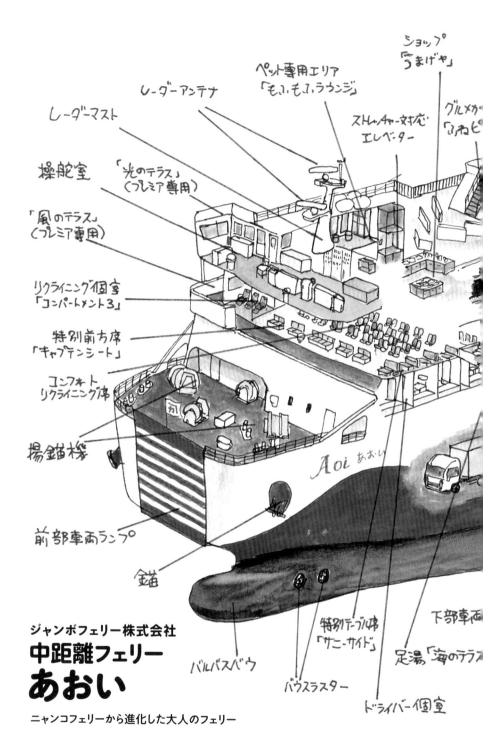

ショップ
「うまげや」

ペット専用エリア
「もふもふラウンジ」

レーダーアンテナ

ストレッチャー対応
エレベーター

グルメカ
「ふねピ

レーダーマスト

操舵室

「光のテラス」
（プレミア専用）

「風のテラス」
（プレミア専用）

リクライニング個室
「コンパートメント3」

特別前方席
「キャプテンシート」

コンフォート
リクライニング席

揚錨楼

Aoi あおい

前部車両ランプ

錨

ジャンボフェリー株式会社
中距離フェリー
あおい
ニャンコフェリーから進化した大人のフェリー

バルバスバウ

バウスラスター

特別テーブル席
「サニーサイド」

ドライバー個室

下部車両

足湯「海のテラス

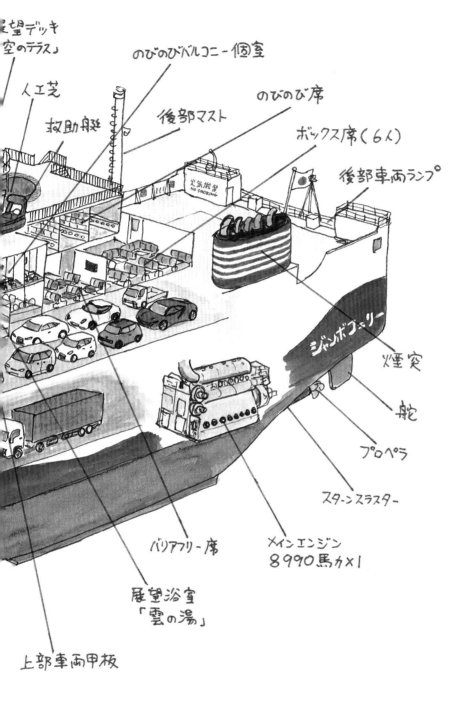

展望デッキ
「空のテラス」

のびのびバルコニー個室

後部マスト

のびのび席

ボックス席（6人）

後部車両ランプ

人工芝

救助艇

火気厳禁
NO SMOKING

ジャンボフェリー

煙突

舵

プロペラ

スターンスラスター

バリアフリー席

メインエンジン
8990馬力×1

展望浴室
「雲の湯」

上部車両甲板

一目でわかる大胆デザイン

　この「船体解剖図NEO」の前著である「船体解剖図」では神戸から瀬戸内海の小豆島を経由して高松に向かうジャンボフェリーの「りつりん2」を取り上げさせていただいた。そのなかで「2022年（令和4年）の同社の新造フェリーがどれだけ本格的なニャンコと化すのか、それとも別の動物に進化するのか、楽しみである」と書いてしまっていた。

　ところが、そのりつりん2の姉妹船であるこんぴら2の代替によるこの新造船あおいはニャンコが進化するどころか、どんな別の動物でもなく、私のいい加減な予測をあざ笑うかのごとく、めっきりお洒落で大人っぽくありながら画期的な要素を持った本格的なクルーズフェリーに進化してしまっていたのである。

　一回り長くなり、前方に寄せられていた上部構造物は後方まで延長され、船体は瀬戸内海の穏やかな波を表すように大きくカーブを描いた紺色と白のツートンに塗り分けられ、別に船首まわりにネコちゃんの顔を描かずとも十分に目立つ存在になっていた。

　さらに前部車両ランプには7本、煙突には5本、後部車両ランプには3本とそれぞれ白線で縞模様を描いて瀬戸内海の「島」と「縞」をかけつつ縁起のいい七五三の数字で安全祈願を表現しているのも面白い

あらゆる乗客のニーズに対応

　大型化の効果は船内にもとてもよく表れている。それまで自由席と夜間の航海の個室の二通りしかなかった客室は自由席をベースに追加料金を払うプレミア席というかたちで床暖房付きカーペット席ののびのび席から一部屋8名までがくつろげるバルコニー

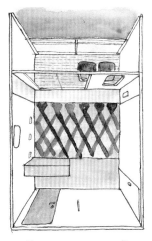

[のびのびバルコニー個室]

中距離フェリーではおそらく唯一のベランダ付き個室。カーペットには遠赤外線床暖房が組み込まれ、2人から最大8人まで利用可。

個室まで実にたくさんの座席が細かく分かれて選べるようになっている。（現在はりつりん2も改装によってプレミア席が設けられるようになった）

　プライバシーを重視してひっそりと過ごしたい時はロフト個室と言う部屋があり、ペット連れには一緒に泊まれるウィズペット個室が、……というように乗客のあらゆるニーズに応えられるように用意されているのだが、こんなプレミア席の中でもおすすめは前方操舵室の真下にある眺めの良いコンフォートリクライニング席だろう。

　ここの座席は新幹線700系のグリーン車でも使われている高級シートで、もちろん各シートにコンセントとUSBポートが付いている。だがそれ以上に船マニアにとって面白いのは、最前部の窓の天井近くに操舵室で実際に使用されている計器類がずらりと並べられていることだろう。これらはただの

インテリアではなく、操舵室のものと連動して動くため、窓越しの瀬戸内海の美しい風景と計器を見ていると船乗り経験のある方なら今乗っている船の操船状態がわかってしまうという優れもの（？）だ。これは実際に見ていても船乗りではない私でもとても面白かった。

こんな客室以外にも乗客を船旅で飽きさせない設備は本当に充実しており、右舷着岸専用で普段はまったく使わない左舷側には大きく外に張り出す形で展望風呂と足湯があって、瀬戸内海の絶景を眺めながらマイクロバブルで白い温泉風になったお湯に浸かることが出来る（プレミア席以外は有料）。

自動演奏ピアノが置かれたロビーにはこれまでも好評だったさぬきうどんも「ふねピッピ」と名付けられたグルメカウンターで健在、高松の名物コーヒーが格安で飲めたり、小豆島の有名ジェラートが味わえたりする。

デッキに出ると最上甲板には人工芝とチーク材の床が貼られたリゾート感満点のスペースがあり、さらにそこの一階分高い「空のテラス」と名付けられた展望デッキがあっ

て瀬戸内海の絶景を楽しめるスペースがあるのも嬉しい。

また最近めっきりと増加したサイクリストの方のために、エレベーターを使って完成車の状態で、個室や専用サイクルピットに置けるようになったのも親切な設計だろう。

さらに動物好きの乗客のためにウィズペット個室とは別に「もふもふラウンジ」と呼ばれるバルコニー付きのペット専用エリアもあって至れり尽くせり。

こんな乗客優先に考えられたフェリー、神戸〜高松間は約4時間がかかるものの、バスや鉄道より圧倒的に安い料金で利用できる。また瀬戸内海では淡路島に次ぐ面積で数々の観光ポイントを持ちながら船以外の交通手段の無い小豆島に向かうリゾート地としても名高い小豆島を巡る観光のクルーズルートとして利用されてはいかがだろうか？

なお、かわいいニャンコフェリーが無くなって残念とおもいきや、残っているりつりん2にはちゃんと今まで通りニャンコの顔とおしりが残っているのでご安心いただきたい。

あおい

主要目

2022年 内海造船瀬戸田工場建造
総トン数5,200トン　全長132m　幅21m
航海速力18.5ノット　旅客定員620名
神戸〜坂手(小豆島)〜高松航路に就航中

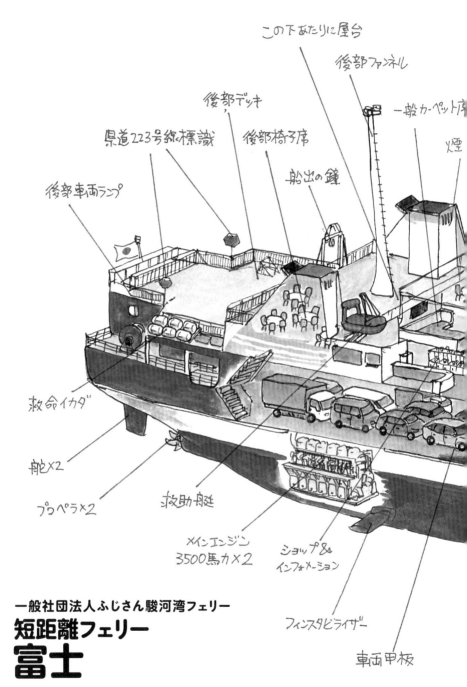

この下あたりに屋台

後部ファンネル

一般カーペット席

後部デッキ

県道223号線の標識

後部椅子席

煙

船出の鐘

後部車両ランプ

救命イカダ

舵×2

プロペラ×2

救助艇

メインエンジン
3500馬力×2

ショップ&
インフォメーション

フィンスタビライザー

車両甲板

一般社団法人ふじさん駿河湾フェリー

短距離フェリー
富士

霊峰富士を間近に眺める絶景航路

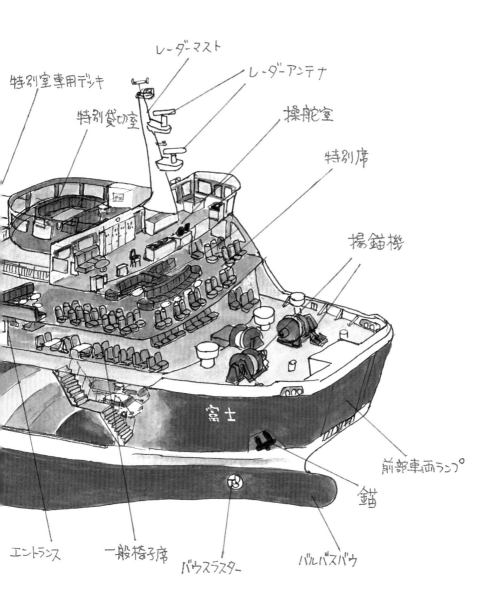

レーダーマスト

レーダーアンテナ

特別室専用デッキ

特別貸切室

操舵室

特別席

揚錨機

富士

前部車両ランプ

錨

エントランス

一般椅子席

バウスラスター

バルバスバウ

033

駿河湾のショートカットルート

我が日本の最高峰、富士山。その独立峰としての美しさは世界中から愛され続けている。

そんな富士山から最も近い海域をその姿を眺めながら走るのが、清水港と西伊豆土肥港を70分で結ぶ駿河湾フェリーのその名もずばり、富士である。

この航路、50年ほど前のまだ西伊豆の道路網が未整備な時代に中部日本方面から伊豆半島に向かうショートカットルートの田子の浦港から土肥港に向かうフェリー航路として2隻のフェリーで開設された。

やがて西伊豆の道路網が整備されたこともあって利用客減少が生じ、発着港を田子の浦からもっと静岡市街に近くて大きな港町である清水港に変更。現在では運航隻数をこの富士1隻に減らして頑張っている。

イルカも棲む美しい港

JR清水駅から徒歩でも20分ほど（路線バスあり）、東名清水インターからも車で15分ほどで到着する清水港のターミナルで濃紺に派手なレインボーカラーがあしらわれた船体が出迎えてくれる。

この清水港は静岡県では最大の巨大貿易港であり、日本新三景のひとつ三保の松原に囲まれた美しい入り江の港で、毎年クイーンエリザベスやダイヤモンドプリンセスといった数多くの巨大なクルーズ客船が来航、さらには高さ120mという世界最大の掘削やぐらを持つ地球深部探査船ちきゅうの基地にもなっているのでそんな珍しい船たちを見ながらの乗船を楽しむことができる。

また、港内には数年前からミナミハンドウイルカの家族が住み着いていて、運が良ければ入出港の際に泳いでいる愛らしい姿を見ることが出来るかもしれない。

駿河湾に出ると船は富士山を左手に見ながら一直線に伊豆半島の土肥に向けて進んでゆく。ここは最深部2500mと日本一深いと言われる湾で様々な深海生物をはじめとした海洋生物が棲んでおり、私も一度クジラのブローを見たことがあった。

海の上の県道

船内は1層の車両甲板と3層の旅客甲板からなり、旅客甲板の最下層の4デッキの前半部分は通常の椅子席となっていて前方を見ながらくつろぐことが出来る。

中央にはジェラートが美味しい売店兼案内所がある。さらに少し後方には狭いながらも横になれるカーペット席も用意されているのでちょっと船酔い気味になった人はここでリラックスするのにいいだろう。

最後部にはおよそ半分が屋根で覆われた広い露天甲板がある。その最前部にはたこ焼きやイカの串焼きなどを売っている屋台があり、レストランの無いこの船ではここが唯一の飲食場所ということで人気がある。夏場はかき氷も販売していて潮風を浴びながらデッキの椅子に腰かけて食べるのはとても楽しくて美味しい。

ちなみにこの航路、富士山（ふじさん）の名前に引っ掛けた県道223号線清水土肥線に認定されていて、その道路標識がこのデッキに何本か立てられているので、本物の富士山を背景にこの標識をカメラに収めるのも面白いかもしれない。

真ん中の階の5デッキは案内所で料金大人500円を払って使用できる客船のラウンジ風の特別席になっている。ここは前方

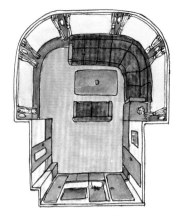

[貸切特別室]

定員は8名。シンクや冷蔵庫、電子レンジの備えもあるので持ち込んだ食材でパーティをしながら航海を楽しむのもいいだろう。

の眺めが大変よく良く、後方にはテーブルセットの備わった専用露天甲板もあり、無料のホットコーヒーが一杯ついてくるのでリーズナブルで結構利用者が多かった。

さらに操舵室のある最上デッキ（6デッキ）の後方にはルームチャージとして片道6000円で借りることの出来る定員8名の貸切特別室（要予約）も用意されている。

到着する土肥港は西伊豆沿岸有数の温泉地で温泉旅館が立ち並ぶ土肥の街から至近距離にあるため、ここで一泊しても楽しいし、クルマであれば1時間半ほどで伊豆半島南端の石廊崎にたどり着くことが出来る。徒歩乗船の場合、清水からの最終便でもここに着いてからフェリー乗船者限定の無料シャトルバスと路線バスを乗り継いで松崎経由でその日のうちに下田の街に到着することが出来るのもありがたい。ちなみに私は一度、このコースで下田に一泊し、伊豆諸島航路のフェリーあぜりあで島に渡ったことがある。

このように70分の航海が短すぎるぐらい楽しい船旅で、関東から行くと少し大回りにはなるが、伊豆半島まで行くための交通手段として、富士山を眺めながらの快適なクルーズ手段（下船せずの往復はかなりの割引になる）として、乗船されてみてはいかがだろうか。

富士

主要目

2005年 熊本ドック建造
総トン数1,554トン　全長83m　幅14m
航海速力18.5ノット　旅客定員522名
清水〜土肥航路に就航中

雌雄島海運株式会社
短距離フェリー
めおん

島々を結ぶシマシマのフェリー

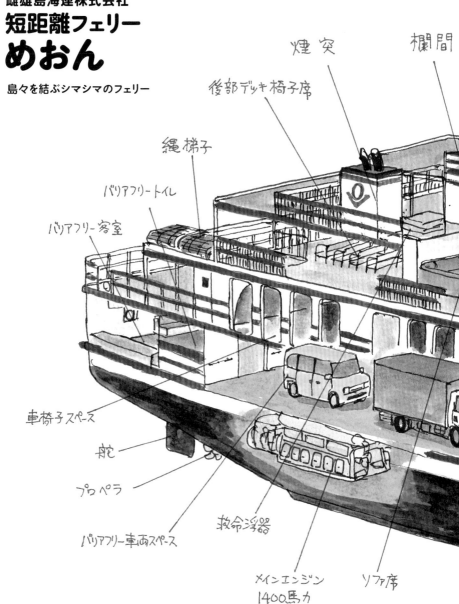

煙突

欄間

後部デッキ椅子席

縄梯子

バリアフリートイレ

バリアフリー客室

車椅子スペース

舵

プロペラ

バリアフリー車両スペース

救命浮器

メインエンジン
1400馬力

ソファ席

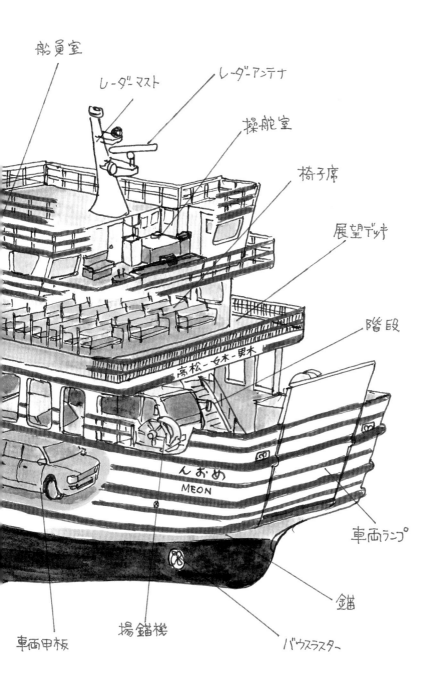

船員室

レーダーマスト

レーダーアンテナ

操舵室

椅子席

展望デッキ

階段

高松一女木一男木

んおめ
MEON

車両ランプ

錨

車両甲板

場錨機

バウスラスター

瀬戸内の島を結ぶ航路

　本州と四国に挟まれ、その地中海性気候にも似た温暖で波静かな海域の瀬戸内海には大小700以上の島々が点在し、中には多くの観光客で賑わう島も多数ある。

　この項で紹介する小型フェリーめおんが通う女木島と男木島という二つの島は高松と言う大都市から数十分で到着する小さな島々ということで人気が高い。

　かつて岡山県の宇野との間を日本国有鉄道の宇高連絡船が結んでいた高松港は、青函連絡船の青森港や函館港と同様にメインとなるJRの駅が港と至近距離にある（ただし神戸行きのジャンボフェリーの乗り場は別の場所なので要注意）。

　このめおんが発着するフェリーターミナルも駅前といっていいぐらいの場所で、海に面して桟橋がずらりと並び、小豆島をはじめとした近隣の島々に行くフェリーが絶えず発着しているため、そういった船を眺めているだけでも楽しい。

　ちなみに一番左端の5万トン岸壁はその名の通り飛鳥IIクラスのクルーズ客船が発着できるクルーズターミナルで、先端にある赤灯台、通称せとしるべは世界最初の総ガラス張り灯台として夜間は灯台全体が柔らかな赤色で輝き、とてもフォトジェニックな存在だ。

　めおんは高松から1日6便（夏季及び繁忙期は女木島止まりがさらに6便）が発着しており、瀬戸内海の島々にちなんで縞々の赤のピンストライプを船体全体にまとった小型のフェリーはたくさんの船が行き来する港内でもひときわ目を惹く。この「めおん」という一風変わっていて、なおかつ何となくかわいらしい響きを持つ船名は1987年にこの高松〜女木島〜男木島航路に就航したフェリーに最初に付けられたもので、地元の小学生が女木島の「め」と男木島の「お」を合わせてさらに語感をよくして考えたものとの事でとてもいい名前だと思う。ちなみにこの初代めおんからバトンタッチした二代目のめおん2は予備船としてめおんほか近隣の航路のフェリーのドック入りの際や繁忙期の予備船として男木島で留め置かれている。

バリアフリーの充実した船内

　乗船はどこの港でも自動車も人間も船首のランプウェイから行うかたちになる。船尾にもランプのある全通式の船とは違い船尾手前で車両甲板は行き止まりになるため自動車はすべて後進で乗り込まなければならないのが面白い（瀬戸内海のフェリーではよくある）。

　したがって車両甲板の後部行き止まりの向こうの最後部にはバリアフリーのカーペット席が設けられていて、階段を上がることなく客室内に入ってくつろぐことが出来るのは高齢者の多い島民のためにもありがたい設計といえるだろう。

　上階に上がると大きな窓で眺めのいい前方に向かってパステルグリーンのベンチ風の椅子がずらりと並び、後方はテーブル付きのソファ席があって、ここでもくつろぐことが出来る。外部デッキも後方が屋根のあるベンチ付きの広いスペースになっており、左右の通路から最前方に出ることも出来るため360度の角度から美しい瀬戸内海の景色や行き交う船を眺めることが可能なのがとてもありがたい。またその上の操舵室のあ

[テーブル席]

左右それぞれ10名ほど座れるスペース。中央通路との仕切り上部は男木島と女木島の風景が描かれた、高松の伝統工芸の欄間になっている。

る甲板にも昇ることが出来る（後方のみで操舵室までは行けない）。

鬼の島、そして猫の島

高松から20分ほどで最初に到着する女木島は、鬼ヶ島伝説の鬼ヶ島としても知られ、島内には鬼が潜んでいたといわれる大洞窟がある。また港の防波堤の先端の灯台はその伝説にちなんで鬼が座った形をしており、持っている金棒の先が光るという面白いもので必見だ。もっとも最近の子供にとって鬼というのはこんな昔馴染みのものではなく、人気アニメの影響で普段はかなり

人間に近い姿をしていて、目玉に漢数字が書いてあるのが主流になりつつあるらしい……これも時代の流れというものだろうか？

この女木島からさらに20分ほどめおんに乗っていくとすぐ隣の男木島に到着する。ほぼ平地に集落が広がる女木島に対して、こちらは港ぎりぎりまで山が迫っているため、斜面に昇っていくように集落が並んでいる、そのため坂や階段が多く、狭く迷路のように入り組んだ道を上がって島内を散策する形になる。

またこの島は瀬戸内海にいくつかある「猫の島」のひとつとしても知られていて、島内のいたるところで猫を見かけることが出来るのも面白い。

こんな隣り合った島でありながらまったく雰囲気の違う二つの島を短時間で回って旅をするのもこのめおんの航海のよさだと思う。両島とも3年に一度開催される瀬戸内国際芸術祭の会場（次回は2025年）にもなっているので要チェックだ。

めおん

主要目

2021年 神田造船所(現・神田ドック)建造
総トン数290トン　全長33m　幅10.5m
航海速力10.5ノット　旅客定員280名
高松〜女木島〜男木島航路に就航中

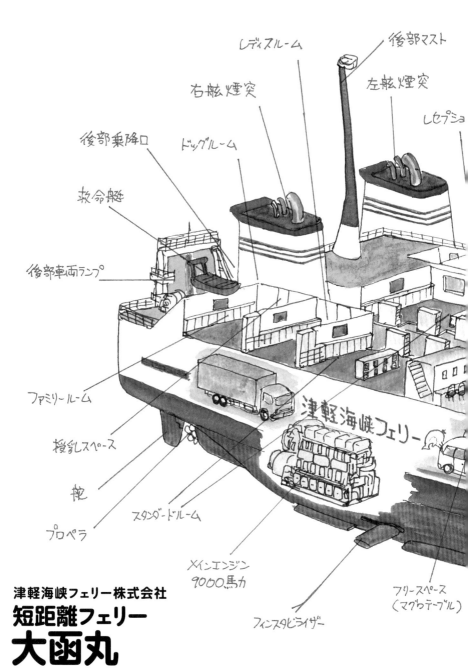

レディスルーム

後部マスト

右舷煙突

左舷煙突

後部乗降口

ドッグルーム

レセプショ

救命艇

後部車両ランプ

ファミリールーム

津軽海峡フェリー

授乳スペース

舵

スタンダードルーム

プロペラ

メインエンジン
9000馬力

フリースペース
（マグロテーブル）

フィンスタビライザー

津軽海峡フェリー株式会社
短距離フェリー
大函丸
本州から北海道への最短ルート

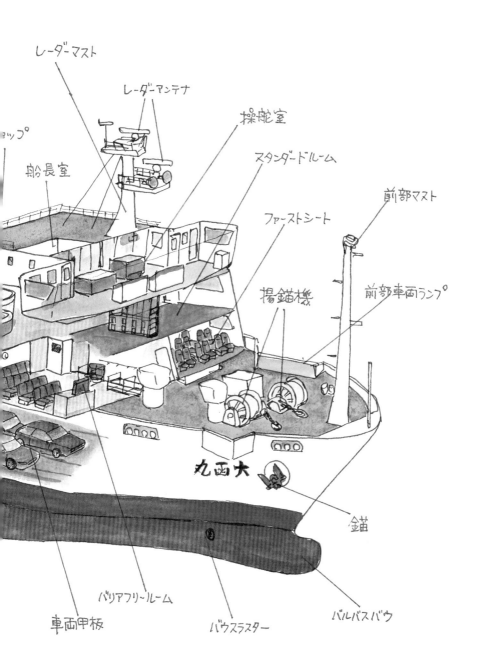

レーダーマスト

レーダーアンテナ

操舵室

スタンダードルーム

ファーストシート

……ップ

船長室

前部マスト

揚錨機

前部車両ランプ

丸両大

錨

バリアフリールーム

車両甲板

バウスラスター

バルバスバウ

日本最古の外洋フェリー航路

　もうかなり昔のこと……ある朝、家人が見ていた連続ドラマをなにげなく眺めていた。それは青森県の下北半島の最北の漁港である大間が舞台のひとつのドラマで、主人公（だったかな?）が東京に向かう場面なのだが、なんとその港からフェリーに乗って北上して北海道の函館に向かうシーンが映し出されているではないか。

　「え? 青森の人が東京に向かうのになんでわざわざ函館にいくの? 単純なミスなんじゃないのこのシーン」とその時はこの大間の町の置かれた状況を知らずに思っていたのだが、調べてみるとどうやらこの当時（二十数年前）この町から東京に行くのは一旦フェリーで津軽海峡を渡って函館に行き、そこから航空機で羽田に向かうのが常套手段であると知り、本州最北の地である下北半島北端の過酷な陸路事情が分かって驚愕したことを覚えている。現在でも最寄りの新幹線の駅である八戸や青森県最大の都市である青森までバスと鉄道を乗り継いで行くと4時間以上かかるため、このフェリーで1時間30分ほどで到着する函館はこの地方の住民にとっては身近な大都市という存在で、この航路は生活のための大切なルートなのである。

　このような状況からこの航路は昭和初期には開設され、戦前にいったん廃止になったものの、住民の強い要望から1964年に定期航路が復活、両方の街の名前を取って大函丸と名付けられたカーフェリーが就航した。実はこの船は今では日本中でごく当たり前に就航している外洋フェリー（沿海区域航行でそれまでの国内のフェリーはすべ

て平水区域限定）の記念すべき第一号船だったのである。

　折からのマイカーブームが到来しながらも青森〜函館航路には乗用車を積めるフェリーは無かったため本州から北海道までマイカーで行ける唯一の航路として人気を博し、最盛期の頃は6隻ものフェリーが就航し、早朝から深夜まで一日最大15便が運航されるドル箱航路になっていった。ところがそんな栄華もつかの間、やがて航空路線の発達や首都圏など本州各地からの北海道への長距離フェリーの就航等により利用客は減少を続け、残念ながらこの航路は今ではこの最新の大函丸1隻で1日2往復が行われるのみとなっている。

きめ細かな客室設定

　大間の街は高価なクロマグロ（本マグロ）の一本釣りの街として有名で、その漁港からほど近いところに津軽海峡フェリーの函館行きのフェリーターミナルがある。

　そこからボーディングブリッジを使って船尾甲板からこの大函丸に乗船する。

　船内に入ると船首に向かって通路が一直線に伸びており、両側にはカーペット敷きの一般的なスタンダード客室が並んでいる。それでも乗船客のタイプによって（トラック）ドライバールーム、ファミリー（小さい子ども連れ用）ルーム、レディースルーム、一般用スタンダードルームと細かく分かれた配慮がなされているのが利用客にはとても嬉しい。

　この通路を中央に向かってどんどん進んでいくと船内のほぼ中央には案内所と売店があり、さらにその向こうは大間名物のマグロをかたどった大きなテーブルのあるフリースペースがあって、売店で購入した食材を

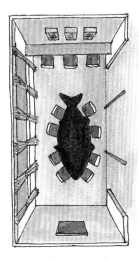

［フリースペース］

中央の漆黒のテーブルはマグロの形で大間名物のクロマグロをイメージし、壁面の装飾パネルも大漁旗や漁に使うウキをアレンジしている。

食べたり休憩したりすることが出来る。

　最前部は左舷にベンチタイプの椅子席のバリアフリールームがあり、右舷は独立したシートのカジュアルシートとリクライニングやフットレストの備わったファーストシートと二つの指定席の客室が並んでいる。ゆったりと過ごしたい方はこのあたりに座るのが良いだろう。

　さらにこの上階のちょうど操舵室の真下にあたる部分には少し狭いが眺めのいいカーペット敷きのスタンダードルームがあり、あまり利用客も多くないのでここで過ごすのもいいかもしれない。

　津軽海峡のメインルートである青森〜函館航路に比べると3分の1ほどの距離のため、乗船してからあっという間に到着してしまう。函館港は青森航路のターミナルも兼ねており、JRの函館駅までのアクセスも良く、道央自動車道の函館インターチェンジもさほど遠くなく行けるので便利だ。

　青函トンネルが開通して三十数年たった現在でも一般の車やバイクは通行することが出来ないし今後も通行できる見込みはないため、マイカーやマイバイクで北海道に行くのに出来る限り自分で運転していきたいという方にも本州と北海道の距離が最も短いこの航路をお勧めしたい。

大函丸

主要目

2013年 内海造船瀬戸田工場建造
総トン数1,912トン　全長90.76m　幅15.65m
航海速力約18ノット　旅客定員478名
大間〜函館航路に就航中

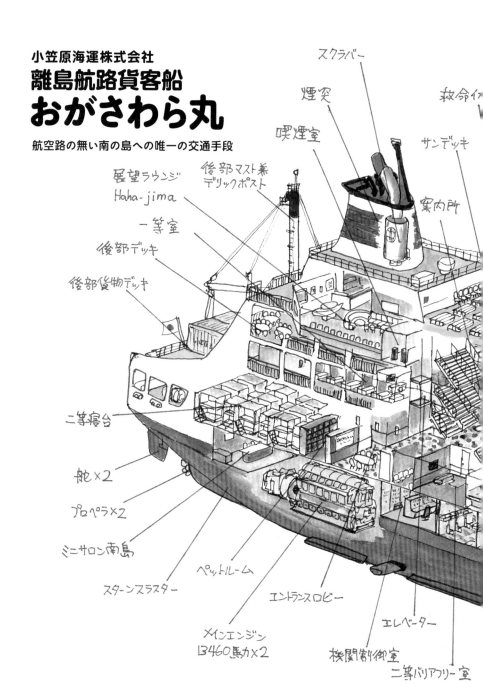

小笠原海運株式会社
離島航路貨客船
おがさわら丸
航空路の無い南の島への唯一の交通手段

スクラバー

煙突

救命イ

喫煙室

サンデッキ

展望ラウンジ
Haha-jima

後部マスト兼
デリックポスト

案内所

一等室

後部デッキ

後部貨物デッキ

二等寝台

舵×2

プロペラ×2

ミニサロン南島

スターンスラスター

ペットルーム

エントランスロビー

エレベーター

メインエンジン
13460馬力×2

機関制御室

二等バリアフリー室

クジラのオブシ

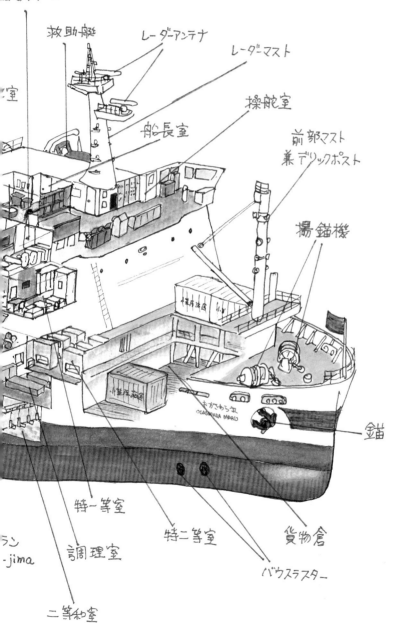

特等ラウンジ

救助艇

レーダーアンテナ

レーダーマスト

操舵室

船長室

前部マスト
兼デリックポスト

揚錨機

室

OGASAWARA MARU

錨

特一等室

特二等室

貨物倉

ラン
-jima

調理室

バウスラスター

二等和室

代々進化し拡大してゆく
日本最大の貨客船

　学生時代、スキューバダイビングを趣味としていた私にとって東京の遥か南海上に浮かぶ小笠原諸島は憧れの島だった。

　行ってみたい！ 潜ってみたい！ という衝動を抑えることが出来ず、今で言う大学の卒業旅行で迷うことなく父島に行く事を選んだ。就職してしまったら1週間などという長い休みを取ってそんなところに行く事は出来ないと思ったからである。

　乗船したのは初代おがさわら丸の就航を数週間後に控え、引退直前だった父島丸で、戦後すぐに建造された沖縄航路の貨客船を購入して東京〜父島航路に就航させた中古船だった。

　本土間の長距離フェリーより長い36時間という航海でありながら僅か2611トンという小さな貨客船の船内は狭く、何の減揺装置も持たない船体は太平洋の荒波に揉まれまくったが、若かった私にはそんなことは少しも気にならない楽しい船旅で、到着した父島の海と自然はそれまで潜ってきた海とは比較にならないぐらい美しく、ダイナミックで魅了され続けた。

　時は流れて、勤めていた会社を定年退職した私は、昔の自分の予言通り会社員時代にはまったく訪れることの出来なかった父島に向かい、当時と変わらぬ自然の美しさに感動、その時に乗船したのが当時から4倍近い大きさで速力も1.5倍以上に増したこの3代目おがさわら丸である。

7層もの広い船内

　少年時代にやはり憧れだった地球の裏側まで行く外国航路の貨客船とほぼ同じサイ

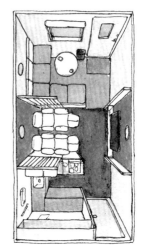

〔特等ラウンジ〕

狭いが無料のマッサージチェアやドリンクサーバなど設備は充実している。屋外に面したドアから専用デッキに出られる。

ズの船体はやはり大きい。

　最上階の8甲板は中央には広い露天スペースがあり、そこには大きめの縁台がずらりと並んでおり、航海中はここに腰かけてビールを飲んだり、日光浴をしたりと思い思いに過ごす自由なスペースになっていて私もお気に入りの場所だ。とくに快晴の夜間はここに寝そべっていると満天の星空に天の川が流れ、流星が行き交う姿を飽きず眺めることが出来る最高の場所となる。

　1デッキ降りて、7デッキの前半部分は特等、特一等の上級船室で占められ、後部には展望ラウンジHaha-jimaがある。

　ここには営業時間は限られているがスナックカウンターがあり、軽食も用意されているので広い海を眺めながらの朝食などはとても人気がある。

　6デッキ中央には売店、4デッキには広いレストラン、そして3デッキ後方にはカウン

ター席がずらりと並んだ隠れ家的なミニサロン南島がある。ここは少しわかりにくい場所にあるためいつ行っても人が少なく、船内の位置的にも最も揺れの少ない場所にあるのでゆっくり読書やパソコン作業をしたい方にはうってつけである（ただし外洋航海中は船内のどこにいてもほとんどネットは繋がらない）。

毎回感動の出港シーン

船は午前11時に東京港を出港、伊豆諸島の島々を右手に見ながら遥か南方1000キロ先の父島を目指していく。途中、何も遮るもののない洋上に沈む夕日と昇る朝日はとても美しくぜひ見ることをお勧めしたい。

夜も明け、陽もだいぶ高くなり、左に智島諸島が見えると航海ももうわずか、父島が近づくと携帯の電波が入りだすため、デッキにいる人が一斉に景色そっちのけでスマホを見始めるのが面白い。

こうして24時間の航海を終えて父島二見港に到着、船はここで3泊して東京に戻るのだが、繁忙期はその日の15時30分に出港するため、4時間半の滞在で東京に戻

ることが出来る。長く休みは取れないけどとりあえず小笠原の雰囲気を味わってみたい、小笠原航路の船にとにかく乗りたいという方にはお勧めだ。

父島出港の際には島の観光とレジャー用の大型ボートが何隻も船の右舷側を並走して見送るという一大イベントが待っている。お互いの船からみんなで手を振りあって別れを惜しみ、最後はボートの乗船者が海に飛び込み、泳ぎながらおがさわら丸に向かって手を振って叫ぶという感動の光景が毎航海繰り返され、それを見て涙ぐむ女性の姿も多く見送られる。このような出港風景が見られる港はこの父島以外日本中には（おそらく世界中にも）どこにもないはずだ。

このように航空路がないため、この船かクルーズ客船でしか行く事の出来ない南の島はその特殊性ゆえの魅力に満ち溢れている。同じ時間を航海する本土のフェリーに比べると運賃は割高であるし、現代人がなかなか6日間のまとまった休みを取るのは難しいが、離島の良さ、船旅の楽しさを充分に味わえる航路なのでぜひお乗りいただきたい。

おがさわら丸
（3代目）

主要目

2016年 三菱重工下関造船所建造
総トン数11,000トン、全長150m 幅20.4m
航海速力23.8ノット 旅客定員894名
東京〜父島航路に就航中

伊豆諸島開発株式会社
離島航路貨客船
くろしお丸

上陸難易度最強の離島航路

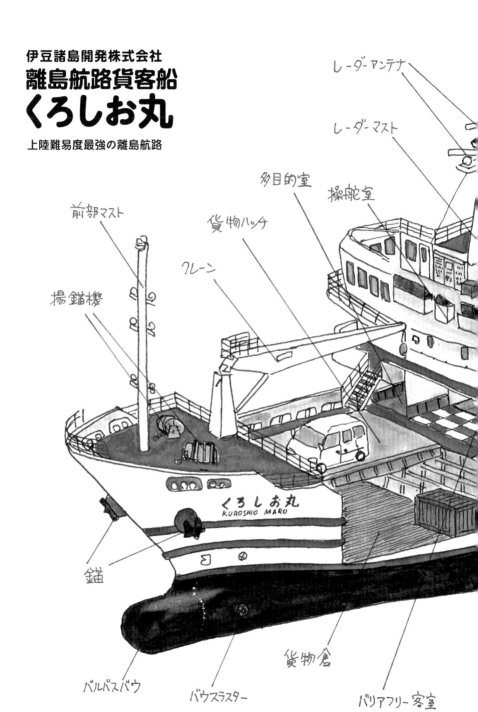

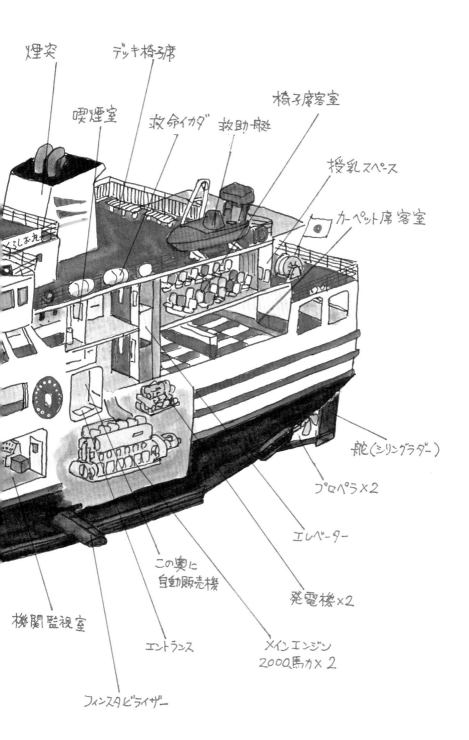

煙突

デッキ椅子席

喫煙室

救命イカダ　救助艇

椅子席客室

授乳スペース

カーペット席客室

くろしお丸

舵(シリングラダー)

プロペラ×2

エレベーター

発電機×2

機関監視室

この奥に
自動販売機

エントランス

メインエンジン
2000馬力×2

フィンスタビライザー

秘境の島への船旅

　東京都に属する伊豆諸島でも最南端の青ヶ島は日本中の有人島の中でも指折りの秘境の島として知られている。

　八丈島から3時間ほど揺られて青ヶ島に到着するこのくろしお丸の基本的な年間就航日数は230日前後だが海の状況の悪化による欠航が4割近くあるため、実際にこの船が青ヶ島に到着するのは年間の半分も無い。しかも予定通り就航することもあれば時化の日が続き10日以上まったく動けないときもあるという不安定さ。この船とは別に1日1便、やはり八丈島との間をヘリコプターも就航しているが定員僅か9名のため、予約は困難を極める。そのような状況からこの島を訪れるにはかなり余裕を持った日程が必要でそれが秘境の島と呼ばれている由縁のひとつである。

　「ひとつである」と書いたのはその就航率の低さだけではなく島を海から見た印象からも言えるからで、実際に島に近づいてみると周囲は高い絶壁に取り囲まれ、人が上陸できそうな海岸や入り江は見当たらない。もちろんそんな断崖に人家が見当たるわけがないのでどう見ても無人島でしかない。

　その岸壁に張り付くように造られたコンクリートの要塞のような構造物が目に入るがそれがこの島唯一の港の三宝港で、波を防ぐ防波堤など全く存在しない外海に一本のコンクリート製の桟橋が突き出している。ここに腕のいい船長がうまく船をコントロールして接岸するわけなのだが、大揺れのまま乗客を乗下船させ貨物を降ろして素早く離岸出来ることもあれば、港に到着していながらあまりの揺れに乗下船や荷役は無理と判断

してそのまま八丈島に戻っていくということもある。（もちろん海が鏡のように静かで接岸中の船が全く動かないようなときも年に数回はある）

　人家のまったくないコンクリートの港は漁港にもなっているが、漁船を海辺に置いておくと海が荒れたら瞬く間にどこかに流されるため、すべてケーブルで海から高台の奥まった場所にある船置き場に運ばれていく。

　そんな港になんとか上陸するとこの港のすぐ上に開けられたトンネルをくぐって世界でも珍しい二重カルデラ式火山であるこの島の内陸部に入り、外輪山が少し広くなったところにあるこの島の集落に到着する。

　170人ほどが暮らすこの島唯一の集落にはたった一軒だが日用品や食料品、お土産などを販売するお店があり、人情味あふれる民宿も数件あって取れたての美味しい魚がいくらでも食べられるのですこぶる居心地がよく、外輪山の頂上にある展望台から一望できるこの島の特異な全貌と遥かに広がる太平洋は絶景以外の何物でもない。

ややこしい就航経緯

　さて、こうして青ヶ島の上陸難易度と魅力を書いていくときりがないので、就航しているこのくろしお丸に話を戻そう。

　もともとこの航路は貨物比率が高い貨客船のあおがしま丸が就航しており、もう1隻、普段は伊豆諸島各島の不定期貨物航路に就き、このあおがしま丸やほかの小型の東京諸島航路客船のドック時には代船に使われる予備船としてゆり丸という貨客船が存在していた。

　くろしお丸はこのゆり丸の老朽化のための代替として建造されたのだが、完成と同時

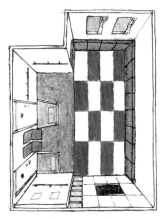

船体のほぼ中央の車椅子の乗客も対応できる客室。他にもバリアフリートイレや授乳スペースなど乗客に優しい設備が多くある。

に八丈島〜青ヶ島航路に定期就航、あおがしま丸はゆり丸と同じような予備船の立場にシフトされると言う経緯を持っている。

　ただし下田発着の伊豆諸島航路のフェリーあぜりあや父島〜母島航路のははじま丸のドック時の代船としてはこのくろしお丸があてがわれ、その期間はあおがしま丸が本来いたこの航路に戻るという少しややこしい

ことになっている

　こうしたことはおそらく乗客のためのスペースが狭く貨物船に近かったゆり丸やあおがしま丸に比べると、この船の旅客スペースがかなり広く、快適になっているからであろう。東京オリンピックのシンボルマークや東海汽船のさるびあ丸の船体デザインを手がけたデザイナーの野老朝雄氏の手による内外装のデザインも非常に垢抜けていてかなり客船に近いものがあり、フェリーあぜりあやははじま丸から乗り換えてもさほど違和感はない。

　乗客用のデッキは2層あり、あおがしま丸ではカーペット席しかなかったのに対し、リクライニング出来る椅子席も存在し、なによりバリアフリー仕様として運航会社として最初の船内エレベーターやバリアフリー専用席が設けられているのも画期的であると感じた。

　このように東京都でありながら秘境感たっぷりで魅力的なこの青ヶ島とくろしお丸、興味のある方は台風シーズンなどで島に長期間足止めになり、職場に戻ってみたら自分のデスクが無かったというリスクを覚悟のうえでぜひ訪れていただきたい。

くろしお丸

主要目

2022年 渡辺造船所建造
総トン数493トン　全長66m　幅12m
航海速力16.5ノット　旅客定員沿海200名　近海90名
主に八丈島〜青ヶ島航路に就航中

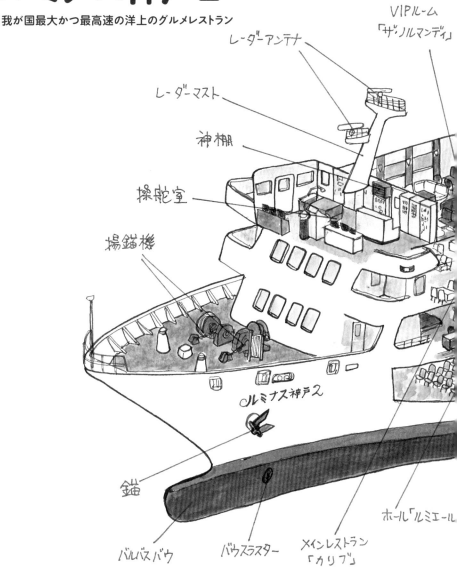

株式会社神戸クルーザー

レストラン船

ルミナス神戸2

我が国最大かつ最高速の洋上のグルメレストラン

VIPルーム
「ザ・ノルマンディ」

レーダーアンテナ

レーダーマスト

神棚

操舵室

揚錨機

ルミナス神戸2

錨

バルバスバウ

バウスラスター

メインレストラン
「カリブ」

ホール「ルミエール」

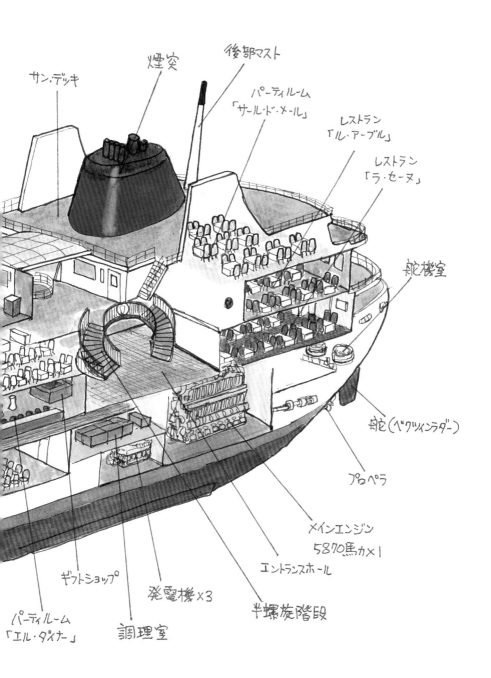

サン・デッキ

煙突

後部マスト

パーティルーム
「サール・ド・メール」

レストラン
「ル・アーブル」

レストラン
「ラ・セーヌ」

舵機室

舵（ベクツインラダー）

プロペラ

メインエンジン
5870馬力×1

エントランスホール

ギフトショップ

発電機×3

半螺旋階段

調理室

パーティルーム
「エル・ダネー」

目玉は明石海峡大橋通過

昭和も末期の1987年、全国のレストラン船ブームに先駆けて、一隻の船が神戸でデビューした。

彼女の名はルミナス神戸。折からの離島ブームによる相次ぐ新造船投入で予備船になっていた鹿児島〜奄美諸島航路の貨客船ひかりを改造する形で関西地区初のレストラン船となった。

定期航路客船でのの18ノットという快速を活かした大阪湾周遊クルーズはバブル景気もあって人気を博したが、やがて船齢も20年を超え、改造船ではなくもっと大きくて豪華な新造船をというオーナーの意気込みから1994年に総トン数で一気に1.5倍近く拡大した、このルミナス神戸2が誕生した。

当時、神戸港には小さいけれども優雅な造りのレストラン船のシルフィード（現在の船名はコンチェルト）という強烈なライバルが登場し、勝つためには五千トン近いレストラン船としては過剰ともいえるサイズとやはり過剰ともいえる18ノットという先代譲りの快速で登場。特にこの快速は建設中だった明石海峡大橋まで営業航海中に楽に往復できる速さで、その完成を見据えてのものだった。

その後に襲ってきた阪神淡路大震災もなんとか乗り越え、橋の完成後は真下をくぐる物珍しさもあって順調な営業を続けていたが、やがて客足は落ち、そのサイズと速力からくる燃費の悪さは経営を圧迫していった。

それでもなんとか踏ん張って航海を続けていたものの、2020年に世界中を襲った新型コロナウイルスは運航会社の経営を直撃、やがて会社は破産に追い込まれ、彼女は運航を停止してしまう。

その時に手を差し伸べたのがずっとライバルだった同じ神戸のレストラン船コンチェルト（以前のシルフィード）を所有する会社で、しのぎを削ってきた両船は期せずして同じオーナーの元で仲良く神戸港で走ることになった。

ところが新型コロナウィルスの猛威は収まることを知らず、彼女が運航を再開したのは2021年も終わりに近づいたころ。現在は需要が増えてきた団体チャーターやイベント船として活躍中で、さらには大阪のIR（統合型リゾート構想）や2025年の大阪万博を見据えて神戸〜大阪を結ぶ航路の開設に動き出している。

船内はまるでクルーズ客船

神戸港の乗り場はコンチェルトが神戸駅に近いハーバーランドの商業施設モザイク（旧高浜岸壁）なのに対して、ルミナス神戸2は主にメリケンパークの中突堤旅客ターミナルから発着している。乗船口はターミナルの2階にあり、レストラン船としては珍しいボーディングブリッジを渡っての乗船となるのも本格的なクルーズ船に乗る気分が味わえてテンションが上がる。

船内に入ると吹き抜けのエントランスロビーで存在感を放つ半螺旋階段にまず圧倒される。この船の内外装デザインは戦前のフランス最大とされる北大西洋航路客船ノルマンディをモチーフにしているということで、この階段あたりのたたずまいとその広大さにもちょっとしたクルーズ客船に近いものが感じられる。

船内の乗客スペースは4層からなり、6つの個性的なレストランとまるでクラブのよ

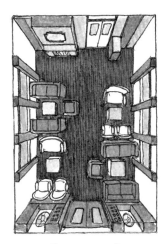

明石海峡で潮の早い流れに乗ると20ノット近く出ることもあるそうで、ほかのレストラン船では5〜10ノットでのんびり走ることがほとんどなので、その快速ぶりはまるで離島航路の定期貨客船のように感じられる。

明石海峡大橋は、普段東京港のレインボーブリッジや横浜港のベイブリッジをくぐりなれている眼には異様なほど大きく見え、よくこんな巨大な造形物を人間の力で造り上げたものだと通過するたびに感じてしまう。

瀬戸内海を阪神地区から九州まで行き来するフェリーの多くはこの橋を夜間か早朝に通過するため、こうして昼間にじっくりと橋の下から眺めるというのはめったにない。

こうして船は高速レストランクルージングを終えて夜景の美しい神戸港に戻ってくる。

うな雰囲気のパーティルーム、多目的なホールが存在し、アールデコ調のインテリアで統一されている。

明石海峡大橋クルーズの際は、神戸港を出港すると船はあっという間に速力を上げて大橋に向けて突き進んでゆく。

同僚船のコンチェルトとはまた違った雰囲気でのクルーズを味わえるこの船、一般客の乗船は繁忙期やイベントクルーズなどがメインとなるが、いつか片道1時間半ほどと言われる神戸〜大阪間のクルーズが始まったらまたぜひ乗ってみたいものである。

ルミナス神戸2

主要目

1994年 三菱重工業神戸造船所建造
総トン数4,778トン　全長106m　幅16m
最高速力19.3ノット　航海速力18ノット　旅客定員1,000名
神戸港を基点のレストランクルーズに就航中

株式会社クルーズクラブ東京

レストラン船

レディクリスタル

高級ヨットオーナー気分を東京で味わう

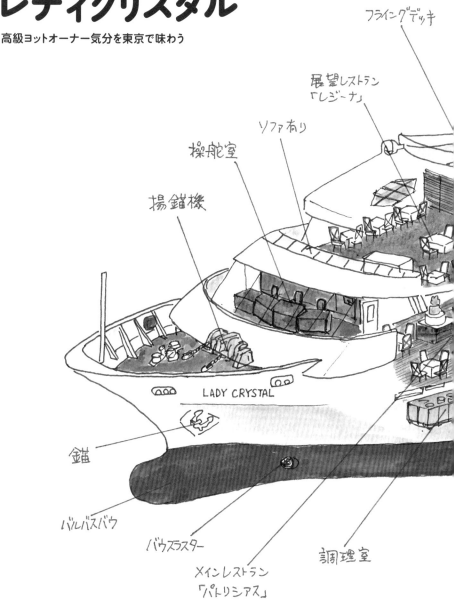

フライングデッキ

展望レストラン
「レジーナ」

ソファ有り

操舵室

揚錨機

LADY CRYSTAL

錨

バルバスバウ

バウスラスター

メインレストラン
「パトリシアス」

調理室

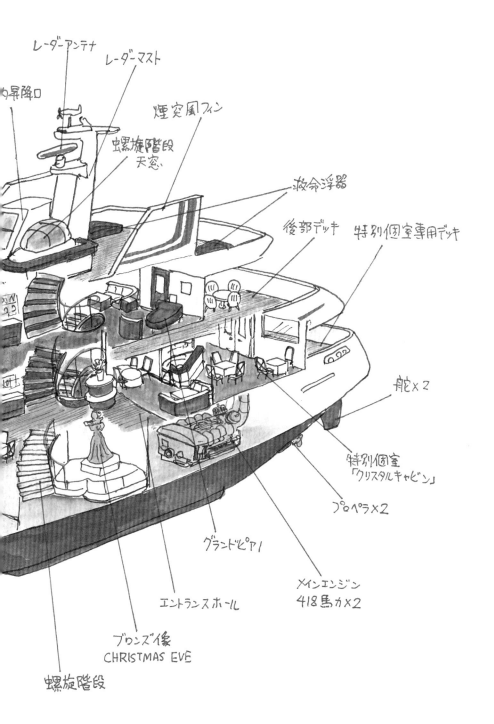

レーダーアンテナ

レーダーマスト

煙突風フィン

り昇降口

螺旋階段
天窓.

救命浮器

後部デッキ

特別個室専用デッキ

舵 x 2

特別個室
「クリスタルキャビン」

プロペラ x 2

グランドピアノ

メインエンジン
418馬力 x 2

エントランスホール

ブロンズ像
CHRISTMAS EVE

螺旋階段

バブル時代の日本郵船計画の末娘

　本書の飛鳥Ⅱのページでは、その経緯として日本郵船が平成元年に発表した3隻の外航クルーズ客船「松竹梅プロジェクト」のことを少し述べたが、実はこのプロジェクトにはもうひとつ「小梅」というかわいらしい名前のプロジェクトが付随していた。

　バブル景気の最中に流行りつつあったレストラン船にさらにプレミアム感を持たせて、地中海に浮かぶ高級ヨットの雰囲気やカリブ海のクルーズ客船のダイニングの雰囲気を東京湾で味わってもらおうと丁寧に造り上げたのがこのレディクリスタルである。

　船名は松竹梅プロジェクトのフラッグシップたる同社米国法人クリスタルクルーズ社のクリスタルハーモニーから貰い、シーホース（タツノオトシゴ）のマークも同一にして、あくまで「ミニ飛鳥」ではなく「ミニクリスタルハーモニー」であることを印象付けようとした。

　発着地は東京の品川運河、再開発が行われていた天王洲アイル地区の一角に専用桟橋と陸上のレストランを併せ持つクリスタルヨットクラブと名付けられた施設を設け1990年に就航した。

　やがて、クリスタルの名の基となったクリスタルクルーズ社は日本郵船から海外の会社に売却されたため、マークや会社名は現在のものに改まり、発着場所も運河の東岸から西岸にある複合施設のシーフォートスクエアの目の前（レストランはシーフォートスクエア建物内）に移動したが、船名やその伝統あるサービスは当時のまま脈々と続いている。

美しいインテリア

　346トンというサイズは他のレストラン船と比べると小ぶりだが、クリスタルハーモニーと同じイタリア人のデザイナーが手がけた船体はモナコの富豪たちの豪華ヨットに並んでも見劣りしないぐらい端正で美しい。特に夜間に停泊中のライトアップされた姿は日本郵船という血筋の気高さが感じられ実に見ごたえがある。

　船内は3層に分かれていて各デッキが中央の美しい螺旋階段で結ばれているが実際にレストランとして使われているのは上部の2層である。

　ただ螺旋階段を下った最下層（化粧室と調理室がある）はちょっとした中庭のようになっていて、そこにはバイオリンを弾く少女のブロンズ像が飾られている。これは著名な彫刻家、故富永直樹氏の手による「クリスマスイブ」という作品で大きさは違えども同じ作品が初代飛鳥のビスタラウンジから、現在は飛鳥Ⅱのビスタラウンジに移設されているので乗船された折はぜひ見ていただきたい。

　エントランスのあるメインデッキは前半部に広いメインダイニングがあり、船尾はプライベートなパーティが楽しめる貸切特別室がある。

　その上のプロムナードデッキは船内の前半部分は展望レストランとなり、周囲はその名の通り、狭いながらも高級木材のチーク材張りの露天甲板が全周を取り巻き、船尾は広いサンデッキになっている。ここの椅子に腰かけて去り行く航跡を眺めているとエーゲ海やカリブ海でバカンスを楽しんでいる富豪気分になれる。

　このデッキの中央のロビーからさらに螺旋階段を上がるとフライングデッキと呼ばれる最

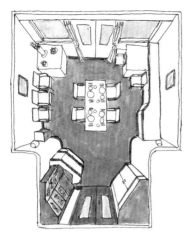

[特別室クリスタルキャビン]

白を基調とした瀟洒なインテリアで専用バーカウンターとチーク材張りの専用デッキを持ち、よりプライベートヨット感が味わえる。

上甲板に出る。ここからの眺めは抜群で特に夜のクルーズでレインボーブリッジを通過する際など煌めく東京港の夜景が実に美しい。

ちなみにこのデッキの中央にそびえるレーダーアンテナは入出港時の運河にかかる橋とのクリアランスを取るために、操舵室からの遠隔操作で油圧により後方に折りたためる。さらに両サイドに張り出した日本郵船の二引きが描かれたウイング状のプレートも大潮の満潮時などで橋と干渉しそうな場合は同様に遠隔操作で内側に折り畳める。

この品川を発着するお洒落なクルーズ、現在は基本的に平日はディナークルーズとナイトクルーズの夜間航海を2回、土日祝日はさらにランチクルーズとアフタヌーンクルーズの4回の航海が行われている。

ランチクルーズとディナークルーズはその名の通りフルコースの食事付きなので何かの記念日とかでちょっと気取って乗る必要があるが、アフタヌーンクルーズは乗船のみ（ウエルカムドリンク付き）、ナイトクルーズは飲み放題、食事無しなので気軽に乗船できるのでお勧めだ。

また年に数回、横浜港のぷかりさん橋と品川を結ぶ特別クルーズ（ランチとアフタヌーンクルーズ）を実施することもあり、こちらは横浜港と東京港の二つの港の景色が楽しめ、京浜運河を通過するちょっと珍しいコースになっているので機会があればお試しいただきたい。

レディクリスタル

主要目

1990年 前畑造船鉄工佐世保工場建造

総トン数346トン　全長46.6m　幅8.87m

航海速力12ノット　旅客定員196名

東京港のレストランクルーズに就航中

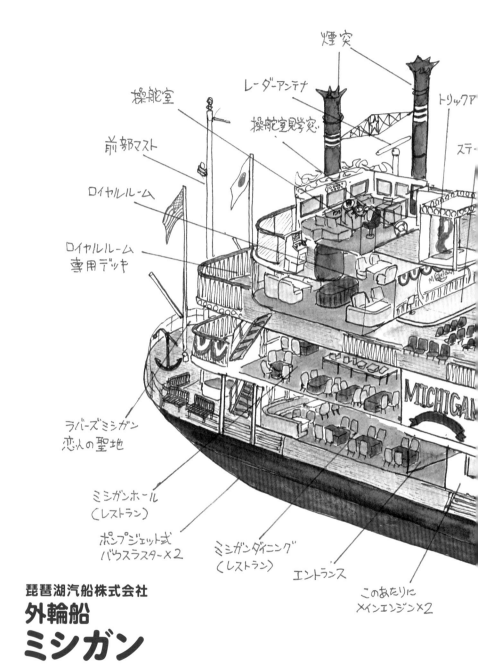

琵琶湖汽船株式会社
外輪船
ミシガン
非日常感をたっぷり味わえる琵琶湖めぐり

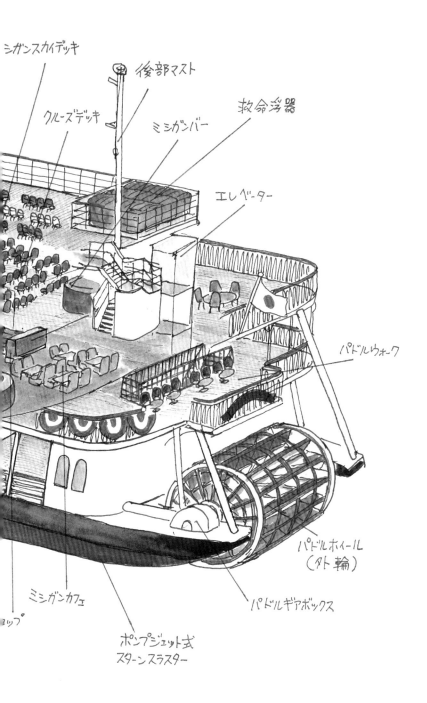

シガンスカイデッキ

後部マスト

救命浮器

クルーズデッキ

ミシガンバー

エレベーター

パドルウォーク

パドルホイール
（外輪）

ミシガンカフェ

パドルギアボックス

ップ

ポンプジェット式
スターンスラスター

歴史ある琵琶湖航路

日本最大の湖、琵琶湖を優雅に走る船尾型外輪船のミシガンを語るには時代を1882年（明治15年）まで遡る。

当時、東海道線はまだ全通しておらず、琵琶湖の北東に位置する長浜から南西に位置する大津までの区間が開通するまでの期間、船で代替輸送する計画が持ち上がった。

そこで日本最初の鉄道連絡船であり、日本で建造した船船としては最初の鉄船である第一太湖丸と第二太湖丸の姉妹がその航路に就航した。建造を請け負ったのは神戸にある英国人E.C.キルビーの経営する小野浜造船所で、そこで造られたパーツを琵琶湖に運び組み立てて浮かべられた。そしてこの2隻の鉄道連絡船の運航会社であった太湖汽船がミシガンを運航する琵琶湖汽船の前身会社のひとつである。

第二次世界大戦後、琵琶湖観光における戦後復興の起爆剤とすべく1951年に湖を航行する船としては画期的な600総トン近い大きさと一見総ガラス張りと思える美しいスタイルから「琵琶湖の女王」と呼ばれた玻璃丸（はり）を就航させた。

3階デッキには当時画期的であった、音と光の同調演出装置「ミュージックサイン」が装着され、「たそがれ・ショーボート」として大いに人気を博した。

彼女は30年間にわたり約112万キロを約250万人の乗客を乗せて琵琶湖を走り1982年8月に引退、そして同年4月に就航したのがこのミシガンである。

我が国では珍しい外輪船

ミシガンの建造に当たっては当時の琵琶湖汽船の社長が各地を視察し、乗客に非日常的な雰囲気を味わってもらおうと、外国の雰囲気を持った船が計画された。

そしてアメリカのミシシッピ川を航行する船尾型の外輪船をモデルにして約5年の歳月をかけて完成し、琵琶湖のある滋賀県と姉妹県州関係のアメリカ五大湖のひとつに面したミシガン州にちなんでミシガンと命名された。

通常の船のような船尾海面下にあるプロペラを動力とせずに船尾デッキ後端に設けられた大きな水車を回転させて走るこの船尾型外輪船は、その構造上喫水を浅くすることができ（ミシガンは喫水僅か1メートル）、河川や湖といった淡水域では便利な存在で、昔から本場ミシシッピ川では宿泊施設や数々の娯楽施設を備えた豪華で巨大な船尾型外輪船が数多く航行している。

ゴージャスな雰囲気と美しい景色

ミシガンも2つのレストラン（コース料理とビュッフェ）とステージのある室内デッキ、カフェ、軽食も食べられるバー、貴賓室などといった設備を持つ、遊覧船というよりも本格的なレストラン船といっていいぐらいの豪華船で、かつては日米国際交流の一環としたミシガン州ランシング市から来日した国際交流研修生が研修の一環として船内での接客サービスに当たっていたこともあった。

船内の内外装には現在の日本の造船所ではとても造れないような高級木材に細かな彫刻が施されたものが随所に使用され、壁に飾られた中世ヨーロッパ風の絵画や高級な調度品やシャンデリアなどは本当に外国にいるかのような非日常感を味わうことが出来る。

4階スカイデッキからは比叡山の山並み

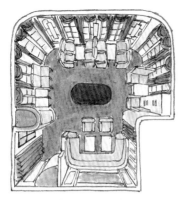

[ロイヤルルーム]

26名までの貸切パーティに使用できる貴賓室。前方の専用デッキ（ロイヤルデッキ）は貸切時以外は一般乗客に開放している。

や雄大な琵琶湖の景色をのんびり楽しむことができ、船首寄りには人物がしゃがんで写真を撮るとまるで琵琶湖を持ち上げているように見えるトリックアートのスペースがあるのもとても面白い。

また毎回のクルーズごとに3階のショーステージで行われる音楽ライブショーも非常にクオリティが高く、楽しいもので、さらに操舵室の背後の見学室から操船の様子を見

ることができたり、パドルウォークと呼ばれる船尾に張り出したデッキからは外輪の回る様子をじっくりと眺められたりと船好きをも刺激する環境が十分に整っている。

こんな雄大な琵琶湖の風景を眺めながら外国旅行気分が味わえるミシガンのクルーズは60分と90分の2つのコースがあり、季節や曜日によっても変動し多い時にはナイトクルーズを含め1日5回行われる時期もある。

ミシガンは交通の便が良い大津を基点としているため、琵琶湖大橋の南側（南湖）を周遊する航路になっているが、琵琶湖汽船では1日かけて琵琶湖を一周する「ぐるっとびわ湖島めぐり」というコースを運航している。ミシガンに比べて小型の船ではあるが、琵琶湖にある「沖島」「沖の白石」（上陸不可）、「多景島」「竹生島」の4つの島に寄港しながらのクルーズは琵琶湖の魅力を存分に味わうことが出来るのでそちらも併せて乗船されたい。

ミシガン

主要目

1982年 日立造船建造、杢兵衛造船所組立
総トン数1,023トン　全長59m　幅11.7m
最高速力8.65ノット　旅客定員787名
大津港を基点とした琵琶湖遊覧クルーズに就航中

日本クルーズ客船株式会社

外航クルーズ客船
ぱしふぃっくびいなす

引退が惜しまれる、楽しい「ふれんどしっぷ」

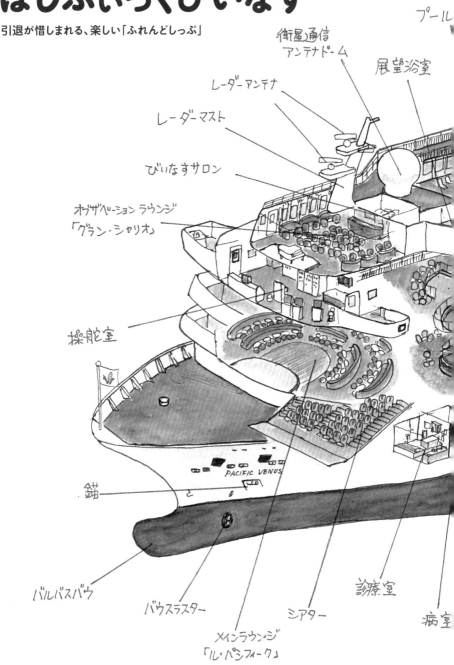

プール

衛星通信
アンテナドーム

展望浴室

レーダーアンテナ

レーダーマスト

びいなすサロン

オブザベーション ラウンジ
「グラン・シャリオ」

操舵室

錨

バルバスバウ

バウスラスター

メインラウンジ
「ル・パシフィーク」

シアター

診療室

病室

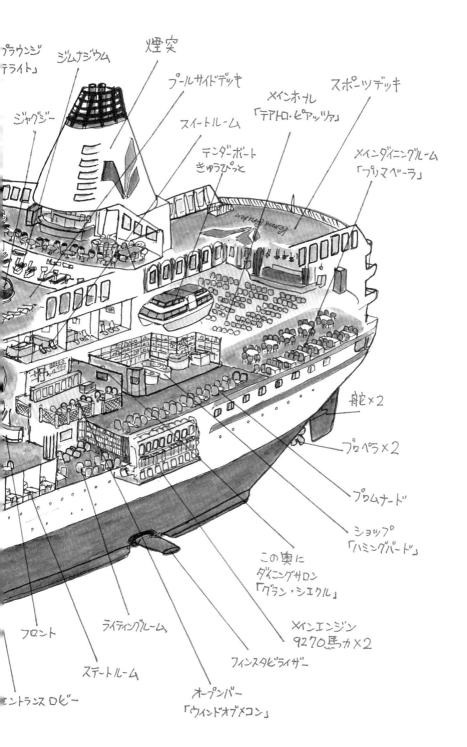

プラウンジ
「テライト」

ジムナジウム

煙突

プールサイドデッキ

スイートルーム

テンダーボート
きゅうぴっと

ジャグジー

メインホール
「テアトロ・ピアッツァ」

スポーツデッキ

メインダイニングルーム
「プリマベーラ」

舵×2

プロペラ×2

プロムナード

ショップ
「ハミングバード」

この奥に
ダイニングサロン
「グラン・シエクル」

フロント

ライティングルーム

ステートルーム

フィンスタビライザー

メインエンジン
9270馬力×2

エントランスロビー

オープンバー
「ウィンドオブメコン」

突然の運航終了発表

　2022年11月1日　横浜港大さん橋に打ち合わせのため出向いた際、一件の衝撃的な情報を耳にした。それはわが国にたった3隻しかない外航クルーズ客船の1隻であるこの「ぱしふぃっくびいなす」がわずか2か月後の2023年1月のクルーズ終了をもって引退するというニュースである。

　もうその話を聞いた後の打合せは頭が真っ白で全く身が入らず、帰途でもずっと「なんで？　どうして？……今までコロナに耐えて頑張ってきたのに……クルーズ業界もやっと明るい兆しが見え始めてきたのに……」という思いで頭の中がいっぱいだった。

　とりあえず、すぐに神戸に住む友人と共に横浜〜神戸間の2泊3日のクルーズを申し込んで乗船、楽しいけれど淋しさを伴った3日間を過ごした。

　やがてあっという間に彼女が最後に横浜港を離れる日がやってきてしまった。

　その日、師走の平日の寒い夜で、しかも乗客の乗っていない回航にもかかわらず、大さん橋には信じられないぐらいの人数の彼女との別れを惜しむ船ファンが詰めかけていた。

　出港前のセレモニーでは彼女のこれまでの歩みを記した私の原稿をMCの方に読み上げていただき、かつてメインホールで初めてのライブを行ったZARDの曲を流すと船も大さん橋は感動で異様なまでに盛り上がり、そして多くの方が涙を流して出港を見送り、一生忘れられない光景になっていった。

　その数日後の最後の東京出港では彼女と縁の深い旅行会社がチャーターした見送りボートツアーに参加し東京港外まで夕暮れの海を並走、年が明けての本当に最後の

最後の神戸出港の際は、レストラン船ルミナス神戸2に乗船して夜の須磨沖ですれ違い、両船が汽笛を鳴らしあって別れを惜しむと言う貴重な体験を得て、なんとか私の心の中でも諦めがついた次第だ。

東京生まれのなにわ娘

　彼女は1998年、それまで団体のチャーターをメインに「おりえんとびいなす」を運航していた日本クルーズ客船株式会社により個人レジャー客層を対象にして、東京豊洲の石川島播磨重工業豊洲工場で建造された。

　当時から高齢者がメインユーザーだった個人クルーズ界に若いお客様を呼び込もうと比較的低価格でカジュアルなクルーズを提供。日本の客船では初めてのチルドレンルームやカラオケルームを設置するなど、フレンドリーな対応でお客様との関係を大切にしていく事をモットーに「ふれんどしっぷ」という愛称で親しまれてきた。

　このことは先にも書いた1999年、当時人気絶頂だった音楽ユニットのZARDの初ライブや2019年のアイドルアニメ＆ゲームの企画クルーズなど若い客層を対象にした企画クルーズを実施していることからも窺える。

　こうして建造以来、100か所近い国内の港町を訪れ、6度の世界一周をはじめとした多くの海外クルーズも行って活躍してきたが、2020年初頭、世界中のクルーズ客船を運航停止に追い込んだ新型コロナウイルスは例外なく彼女にも襲い掛かり運航停止を余儀なくされた。

　それでも横浜港の大さん橋で長期係留中には同じ状況にあった飛鳥IIの楽団と桟橋越しのジョイントコンサートが行われ、詰め

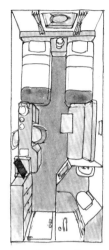

［ステートH］

最もベーシックな丸窓付きの客室。ソファをベッドとして使用することにより3名定員となる。

かけた多くの船ファンの大喝采を浴びるというコロナを吹き飛ばすような明るいニュースを提供してくれたのは記憶に新しい。

乗客用デッキは9層に分かれ、公室関係は展望ラウンジ、図書室、カードルーム、ショーラウンジ、シアターなど、そのほかにも茶室、ジャグジー、ジム、サウナといった外航クルーズ客船に必要な施設は一通りそろっている。中でも私は煙突のすぐ手前のプールデッキが見下ろせる「サテライト」と呼ばれるトップラウンジが眺めが良く、のんびりできるのでお気に入りだった。

客室は4部屋のみのロイヤルスイート、2種類のスイートルーム、デラックスルーム、5種類の多数のステートルームに分かれている。もちろん私は最もベーシックな丸窓付きのステートルームにしか宿泊したことがないがそれでも十分で何の不満もなかった。

気になる先行き

2023年の春の時点では兵庫県相生の造船所、JMUアムテックの岸壁に係留され、静かに第二の嫁ぎ先を待っている。

本当はどこか国内の船会社が購入し、運航して貰いたいところではあるが現状ではなかなか難しい気がする。

たとえ海外に売られたとしても、またいつか来日し、元気に航海する姿を再び見ることを願ってやまない。

ぱしふぃっくびいなす

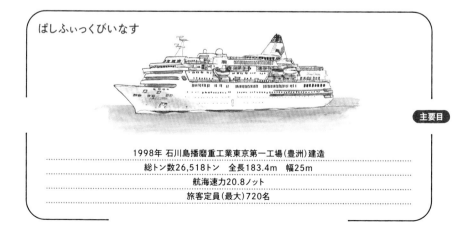

主要目

1998年 石川島播磨重工業東京第一工場(豊洲)建造
総トン数26,518トン　全長183.4m　幅25m
航海速力20.8ノット
旅客定員(最大)720名

NEO

第2章

働くフネ

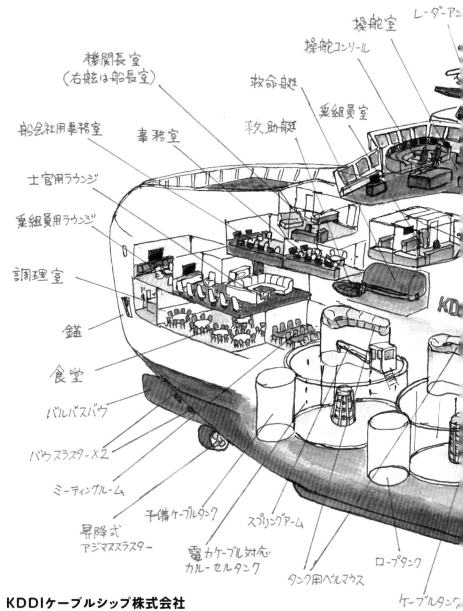

操舵室
レーダーアンテナ
操舵コンソール
機関長室
（右舷は船長室）
救命艇
乗組員室
船会社用事務室
事務室
救助艇
士官用ラウンジ
乗組員用ラウンジ
調理室
KDDI
錨
食堂
バルバスバウ
バウスラスター×2
ミーティングルーム
予備ケーブルタンク
スプリングアーム
昇降式
アジマススラスター
電カケーブル対応
カルーセルタンク
ロープタンク
タンク用ベルマウス
ケーブルタンク

KDDIケーブルシップ株式会社

ケーブル敷設船

KDDIケーブルインフィニティ

海外との通信インフラの担い手

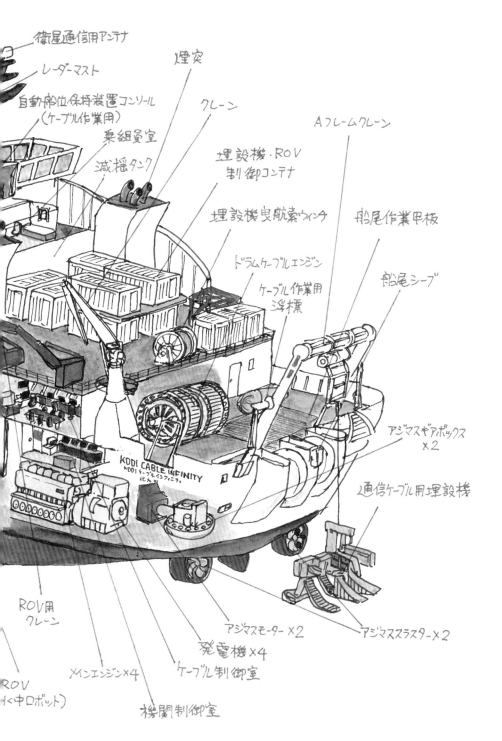

衛星通信用アンテナ

レーダーマスト

自動船位保持装置コンソール
（ケーブル作業用）

乗組員室

減揺タンク

煙突

クレーン

埋設機・ROV
制御コンテナ

埋設機曳航索ウィンチ

ドラムケーブルエンジン

ケーブル作業用
浮標

Aフレームクレーン

船尾作業甲板

船尾シーブ

KDDI CABLE INFINITY
KDDI ケーブルインフィニティ
北九州

アジマスギアボックス
×2

通信ケーブル用埋設機

ROV用
クレーン

ROV
（水中ロボット）

メインエンジン×4

ケーブル制御室

発電機×4

機関制御室

アジマスモーター×2

アジマススラスター×2

スリランカ生まれの白鯨

　島国である日本と海外を結ぶ国際通信ケーブルの歴史は明治4年（1871年）、長崎・上海間の敷設にさかのぼる。以来各地で海底ケーブルの敷設が行われ、1896年に我が国最初の電信ケーブル敷設専用船の沖縄丸が建造された。

　現在ではNTT系の海底ケーブル会社が4隻、KDDI系の会社が2隻の海底ケーブル船を運用している。中でも一番新しいのが2019年にスリランカで建造され、船尾からケーブルを投入するスターンシーブ型の敷設船のKDDIケーブルインフィニティだ。横から見るとまるで白いマッコウクジラのような独特のスタイルをしている。

　ケーブル敷設船と書くと、通信ケーブルを海底に敷くだけが目的のように思えるが、実際は損傷や劣化したケーブル、故障した中継器などを回収、修理するという保守作業にも使われている。

　そのため、こうしたケーブル敷設船は敷設と保守の両方の作業のための装備をもつ船が大半を占めているが、この船は他にも将来的に電力ケーブルの敷設にも対応できるようなケーブルのタンク（カルーセルタンク）とその敷設装備も備えている。

最新鋭のケーブル敷設設備

　さてケーブルの敷設はまず船体中央にある2つの円形で巨大なケーブルタンクに、中央の突起物に巻きつける形でケーブルを積み込んでゆく。その容量は約4000トン、深海用ケーブルにして約5000キロメートルの長さとのこと、これは日本から北米大陸のアラスカまでの距離に匹敵する長さだ。これを

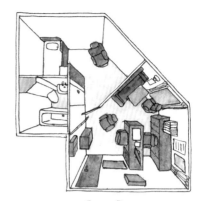

［船長室］

操舵室の真下にある、いかにも外国製の船らしい独特のレイアウトを持った広い居室。反対舷にある機関長室も同様の造りになっている。

タンク上部の作業甲板にあるベルマウスという開口部から引き出し、二つの巨大な歯車の様なケーブルドラムで船尾の作業甲板に導かれ、シーブと呼ばれる船尾最先端の滑車で海に投入される。そのケーブルはやはり船尾にあるAフレームクレーンから降ろされたケーブル埋設機で海底に降ろされ、その埋設機で掘られた海底の3mもの深さの溝に埋め込まれるかたちで敷かれてゆく。こうして敷設されたケーブルは途中数十キロごとに中継器をはさみながら目的地に向けどんどんと伸びていくわけだ。

　保守の場合はまず、船に搭載している深さ3000メートルまで潜水が可能なROV（水中ロボット）を船のサイドから降ろしてケーブルの損傷状況を確認し一旦切断する。そうして敷設と逆に船尾のシーブからケーブルドラムを使って巻き上げられ、ケーブルの傷んだ部分を取り除く。

　そして船内のジョインティングルーム（接続室）で切断したケーブルを再び結合させ、敷設の時のように船尾から海中に降ろして

海底で溝に埋めて完了となる。

　こうした敷設保守の一連の作業は停泊、もしくは微速前進後退で行うため波や潮流、風などによって船体があらぬ方向に流されて行ってしまっては何にもならない。そのため船体のほぼ中央最上部にある船橋（操舵室）の自動船位保持装置（DPS）と呼ばれるシステムを用い、船首のトンネル式2基と格納式のスラスタープロペラ及び船尾の2基のアジマススラスターを制御して船の定点保持や計画コースの自動航行を行っている。これにより波高7m、風速19m、潮流1.5ノットでも船は海面上の一点に留まっていることが出来るそうである。

　実際にこの操舵室に入ってみると、360度見渡せる大きな窓が全面に付いた広い部屋で、船首と船尾の双方向に向いてそれぞれ多くのディスプレイとひじ掛け付きのチェアが備わった操舵コンソールが備わっている。船首向きの操舵コンソールは港から敷設保守地点までの回航時に使用され、船尾向きのコンソールはケーブル作業時に使用されるとのことだった。

　また一旦出港したら数十日は洋上に漂い、昼夜問わず慎重かつ大掛かりな敷設作業を行う航海のため、船内の乗組員の居室はすべてシャワートイレ付きで、公室はラウンジや食堂も広く、居住性に関してはどれも快適な環境が整っている

　船体の最下層には本船の核となる2つのメインケーブルタンクが置かれている。私が見学した際にはケーブルはまったく積み込まれていなかったため、円形のタンクはまるで水族館の回遊魚の水槽のように感じられた。

　船尾の2基のアジマススラスターを駆動させるための電力を供給する発電機は比較的小型のものが4基装備されていた。こうした電気推進システムは緻密なケーブル作業の際の振動の軽減、超低速航行性能、低燃費性能に貢献している。

　インターネットの普及は今や全世界が一瞬にして繋がるようになっているが、島国に住む私たちにとって、その恩恵はこのようなケーブル敷設船が縁の下の力持ちとなって支えてくれていることを忘れてはならない。

KDDIケーブルインフィニティ

主要目

2019年 スリランカ、コロンボ造船所建造
総トン数9,766トン　全長113.1m　幅21.5m
航海速力12ノット　最大乗船人数80名
日本近海および太平洋各地の通信ケーブル敷設保守作業に従事中

横浜市消防局鶴見消防署水上出張所
消防艇
よこはま

横浜港の海の守り神

放水砲5000ℓ/分

夜間航行装置
(赤外線カメラ・カラーCCDカメラ)

可燃性ガス及び
毒性ガス検知パネル

操舵室

待機室

主放水砲 15000ℓ/分×2

放水銃

船首防舷材

揚錨機

錨

バルバスバウ

バウスラスター

船員室

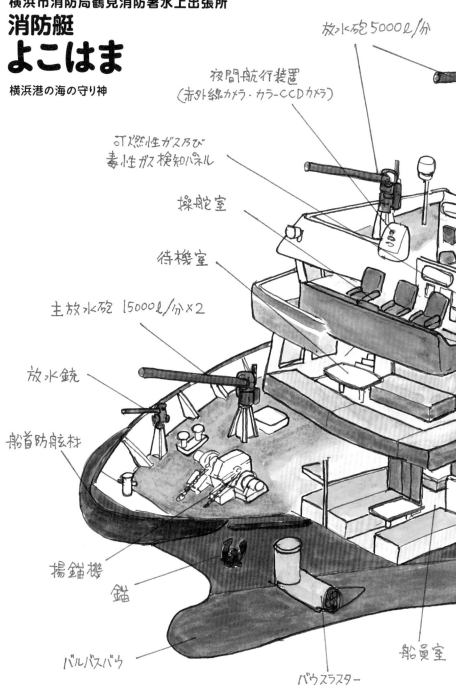

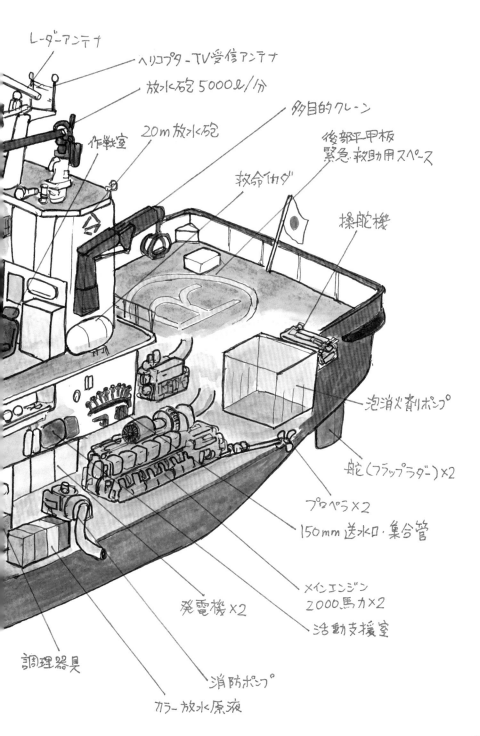

レーダーアンテナ

ヘリコプターTV受信アンテナ

放水砲 5000ℓ/分

多目的クレーン

20m放水砲

作戦室

後部平甲板
緊急・救助用スペース

救命イカダ

操舵機

泡消火剤ポンプ

舵(フラップラダー)×2

プロペラ×2

150mm送水口・集合管

メインエンジン
2000馬力×2

活動支援室

発電機×2

調理器具

消防ポンプ

カラー放水原液

船体の赤は消防のシンボルカラー

　毎日、数多くの船舶が出入りし、港湾施設も充実した日本最大級の港町、横浜。

　ここの消防活動を担っているのが横浜市消防局鶴見消防署で現在大型の消防艇2隻と小型の救助艇1隻を所有している。

　今回ここで紹介するのが船齢は古いものの最大の大きさを持つよこはま（2代目）で、横浜港以外の広範囲な沿海区域でも消火作業が出来るような構造になっている。

　ベイブリッジの大黒ふ頭側のたもと近くにある鶴見消防署水上出張所の桟橋に係留されているよこはまは普段、客船の入出港時の歓迎放水などで遠くから見ている姿よりかなり大きく感じられ、船体は消防自動車と同じく赤に塗られているためか、とても頼もしい感じを与えてくれている。

遠隔地への出動も可能

　船内は3層に分かれ、最上階のブリッジデッキ（船橋甲板）の最前部はすべての操作、監視が集中して行われる操舵室があり、右舷が機関長、中央が総舵手、左舷が消防隊長と3つの椅子が並んでいる。

　その後方の作戦室では40インチの大型モニターにヘリコプターからの映像など様々なカメラからの災害状況や放水状況が映し出され、他の消防隊や付近の船舶に指示や連絡のできる船舶無線や消防無線を備えている。

　真ん中の上甲板も船内が前後二つに分かれ、前方が隊員の皆さんが現場まですごす船員室で二段ベッドにもなる簡易ソファが並んで被災者を救出した際の避難場所にもなる。後方は活動支援室と呼ばれ、救急

隊や水難救助隊などの部隊活動を支援するため防火服、圧縮空気タンク、ストレッチャー、酸素ボンベ、畳んだ状態のゴムボートなど活動に必要なあらゆるものが収納されていた。

　その下の船首近くの甲板は待機室と呼ばれ、上段が格納式となる二段ベッドがいくつも並び、調理台や冷蔵庫まで備わっている。これは大規模な災害などの対応で消火活動に遠距離で長時間の航海（航行区域は沿海なので日本全国出動可能）が必要な際に隊員が寝泊まり出来るためのもので上の待機室と合わせて最大14名分のベッドが用意されている。

　後方の主機室はこの船の中では一番広く、ハイパワーのメインエンジンと発電機がそれぞれ2基、消火のための海水くみ上げポンプ（動力はエンジンから流用）、バウスラスター用のエンジンなどが並び最後部には燃料タンクと泡消火剤タンクがある。

　他にも面白いのは無害の食紅などを使った4色のカラー放水用の原液タンクがあることで、かつては横浜港でも客船などの歓迎放水の際はこの色水を使って色とりどりの放水をしていたが、諸般の事情から現在は通常の海水での放水だけでカラー放水は実施していないとの事だった。神戸や大阪など、行っている港も多いので個人的にはまた復活してほしいと思う。

高性能の放水砲

　船外に目を移すとまず操舵室の上のコンパスデッキ（羅針甲板）の後ろには煙突のような放水塔が並列で2本立っているのがよく目立つ。その上部には放水砲が2門置かれており、消火作業時には放水砲の根元

［主放水砲］
この船最大の船首にある主砲。120メートルの射程距離で毎分、平均的な200リットルのドラム缶で75本分の海水を放出することができる。

を海面上20mの高さまで伸ばすことが出来るため大型船の上層甲板の火災にも対応できるようになっている。

　コンパスデッキにも同様の放水砲が2門あり、その前方には夜間や悪天候でも安全な航行を確保するため赤外線監視カメラやカラーCCDカメラを備えた夜間航行装置が装備されている。

　そして船首近くの上甲板には毎分15000ℓの放水が出来る大型の放水砲が2門積まれており、先ほど述べた放水塔とコンパスデッキの放水砲がそれぞれ毎分5000ℓの放水能力があるため、この大型放水砲を併せた6門すべてのフル放水で一般的な25mプールを10分以内に満杯に出来る放水性能を持つということになる。これらによって船舶火災だけではなく石油コンビナート等海に面した陸上火災の消火活動にも威力を発揮する。

　さらに上甲板を後部に移動すると両舷には陸上に消火用の海水を大量供給できる大口径送水口や集合管が並んでおり、沿岸陸上の消火にも一役買っていることがわかる。

　また最後部は広い緊急救助用のスペースとなっている。そして、ここには搭載する様々な災害に対応するための装備の入った各種コンテナを積み込むためのクレーンも備わっている。

　このように横浜港内の船舶火災だけではなく、要請に応じて様々な災害での対応が出来るこの多目的な消防艇よこはまは日夜、いつ起こるとも知れない状況に備えて横浜港大黒ふ頭で待機している。

よこはま
(2代目)

主要目

2002年　横浜ヨット建造
総トン数120トン　全長32.2m　幅7.3m
航海速力14.7ノット　最大搭載人員40名（1.5時間未満）
消火用泡原液搭載量12,500ℓ

国土交通省関東地方整備局東京湾口航路事務所
航路調査船
べいさーち

パステルカラーの船が担う大切な役目

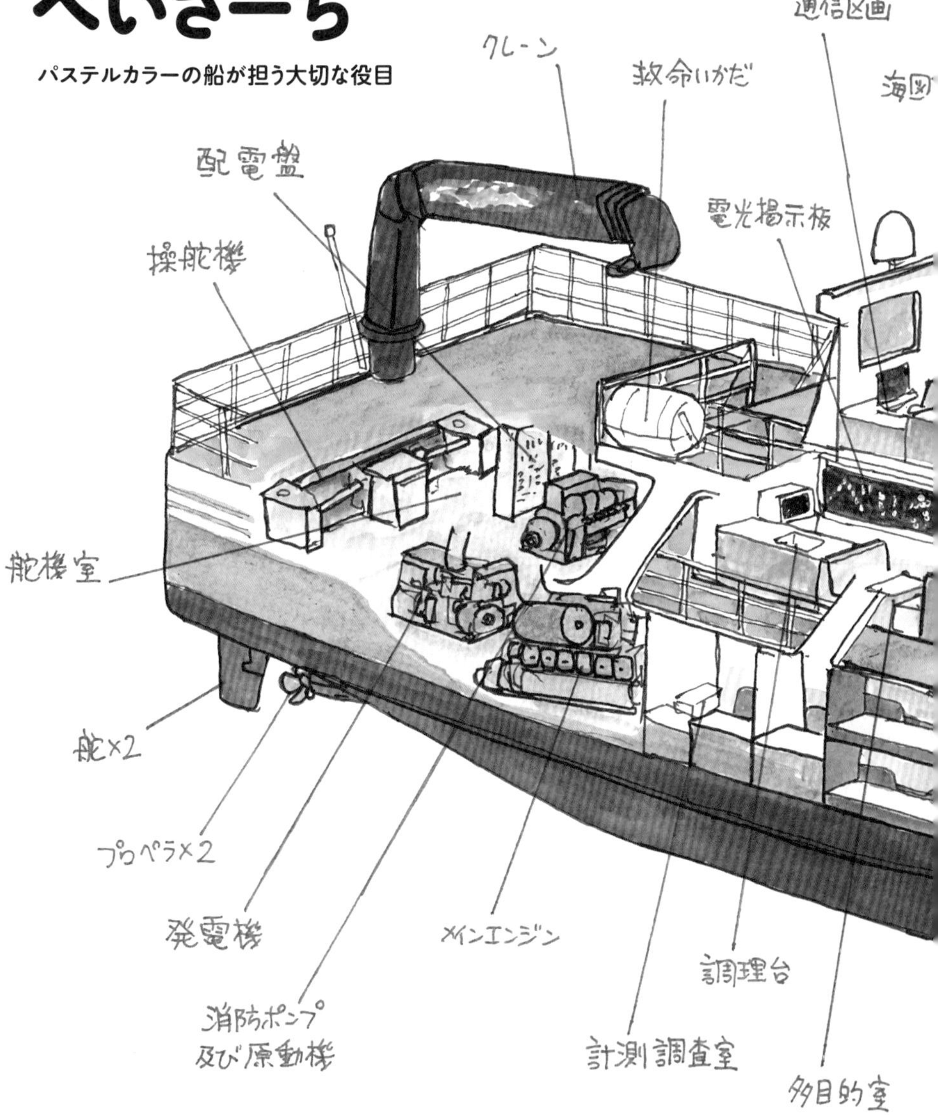

クレーン

救命いかだ

通信区画

海図

配電盤

操舵楼

電光掲示板

舵機室

舵×2

プロペラ×2

発電機

消防ポンプ
及び原動機

メインエンジン

計測調査室

調理台

多目的室

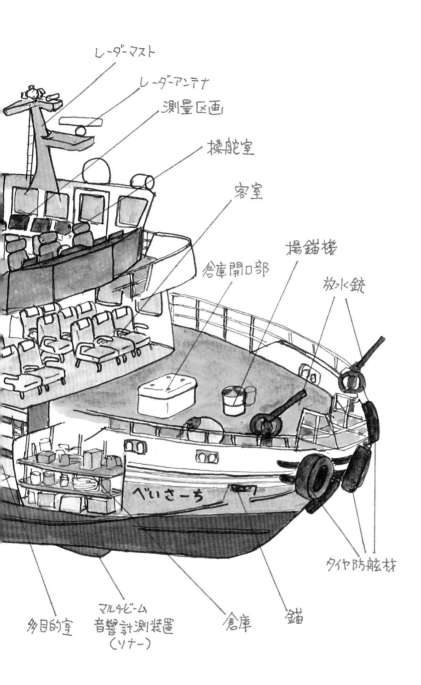

レーダーマスト

レーダーアンテナ

測量区画

操舵室

客室

揚錨機

倉庫開口部

放水銃

べいさーち

タイヤ防舷材

多目的室

マルチビーム
音響計測装置
（ソナー）

倉庫

錨

重要航路のチェック役

　平日のお昼前後、横浜港の内外や浦賀水道で淡いブルーの船体にピンクのコンパスデッキ&マストというパステルカラーのかわいらしい船が結構なスピードを出して走っているのを見かけることがある。

　タグボートでもなく、パイロットボートでも小型客船でもない、全国でも珍しい国土交通省所属の航路調査船だ。

　東京湾は東京港、千葉港、横浜港、川崎港といった巨大な貿易港をいくつも抱え、豊富な海産物の漁場でもあるため、小型の漁船やプレジャーボートから、超大型のタンカーやコンテナ船まで、昼夜を問わず数多くの船舶が航行している。

　そしてその地形は、千葉県富津岬と神奈川県観音崎のあいだの海域が狭く、湾の中央部には中ノ瀬と呼ばれる水深の浅い場所もある。大型船舶は安全に航行するため、定められた航路を通ることになっているが、そこを通過する大型船舶は一日当たり約500隻と海上交通の過密海域にもなっている。

　もし、このような海域で船舶同士の事故や火災、積み荷の落下、大きな漂流物など不測の状況が発生したり、地震による断層や隆起により水深が浅くなってしまった場合などはあっという間にその海域の海上交通が麻痺してしまうため経済に大きな影響を及ぼすことが考えられる。

　そのため、国土交通省関東地方整備局はこの航路を専門に監視するパトロールボート的な存在の船が必要と考え、小型高速客船を改造した、「うらなみ」という船を以前から航路調査船として運用していた。

　ところが東日本大震災で東北の各港が大きな被害をうけ、当時の東京湾内も津波から避難するために沖出しして東京湾内に錨泊する船舶が多く発生、他の船舶の航行の妨げになってしまったことから管理に必要な水域を広げ、2015年にこのべいさーちを建造し、横浜港に追加配備した。

災害派遣にも対応可能

　この船の主な業務は大きく分けて二つあり、一つ目は目視による海上の漂流物や海難事故、航路標識ブイの損傷など異常事態の発見、二つ目は船底に装備されたマルチビーム音響測定装置（一般にはソナーと呼ばれているもののひとつ）を使って海底の水深を測り、沈下物などの異常がないかどうかを調べるというもの。そのため操舵室には測量のための専門機器が並び、東京湾の航路上を航行しながら海底面の状況を確認している。

　そういった毎日のルーティン業務のほかにも航路上で発生した不測の事態に備えて数々の装備を備えている。例えば船首には油流出があった場合に海面上の油を拡散するための小型の放水銃が二基備わっている。また船尾には災害時の緊急輸送物資等を積み込むための伸縮式のクレーンが備えられている。ただしどちらも訓練以外では実際に使用したことが無いとの事だった。

　船内には12名分の座席がある小型客船のような客室や、交代で操舵する必要が生じた時のための船員用と作業者用の二段ベッドがそれぞれ6名分備え付けられた部屋もあった。

　この船には通常の航路調査業務以外に大規模な災害が発生した際、被災地への

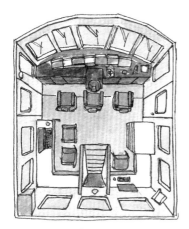

［操舵室］

前方の操縦席は左から一等機関士、船長、機関長が座り、左舷横は湾口事務所職員や測量士が座る。右下は停泊中の事務作業用。

人員の派遣や物資の輸送、そして現地で被災調査としての測量等を行う目的があるため長距離航行や現地での作業に備えた設備があり、さらには被災者の一時的な避難場所としても使えるのだろう。

　もちろん実際には災害派遣には使用されたことはないが、訓練のために千葉の館山港や湘南の大磯港、伊豆大島の元町港あたりまで遠征したことがあるとの事だった。

　日頃のルーティン業務は平日の朝の9時ごろ、横浜港みなとみらい地区の北側にある専用桟橋から出港して港外に出ると、大小様々な船舶の妨げにならないように周辺の状況を確認しながら20ノット以上の快速で東京湾の神奈川県側の沖合を南下する。そして湾の入り口である観音崎を過ぎて東京湾フェリーの航路に差し掛かったあたりで針路を反転して北上。その後千葉県富津岬を越えたあたりで中ノ瀬航路に針路を変えて、航路内の制限速度である12ノットで周辺の状況を確認しつつ海底を測りながら走る。そして航路の海底と周辺の確認が終われば横浜港の専用桟橋に帰港してルーティン業務は完了となる。

　このように全国でも数隻しか存在しないこの航路調査船は地味ではあるが、大型船が行きかう危険と隣り合わせの航路をパトロールするため出動している、大切な役目なのだ。

べいさーち

主要目

2015年 新潟造船建造
総トン数75トン　全長28m　幅6m
最大速力23ノット
最大搭乗定員21名(乗組員3名　旅客12名　その他6名)

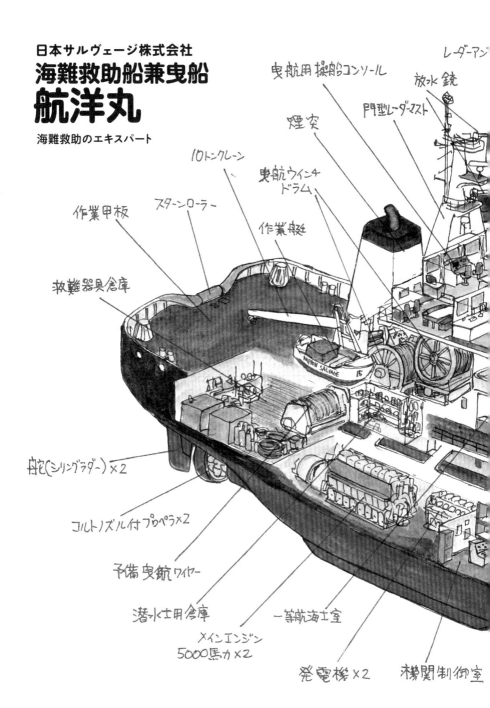

日本サルヴェージ株式会社

海難救助船兼曳船
航洋丸

海難救助のエキスパート

レーダーマン

曳航用操船コンソール

放水銃

門型レーダーマスト

煙突

10トンクレーン

曳航ウインチドラム

スターンローラー

作業甲板

作業艇

救難器具倉庫

舵(シリングラダー)×2

コルトノズル付プロペラ×2

予備曳航ワイヤー

潜水士用倉庫

一等航海士室

メインエンジン
5000馬力×2

発電機×2

機関制御室

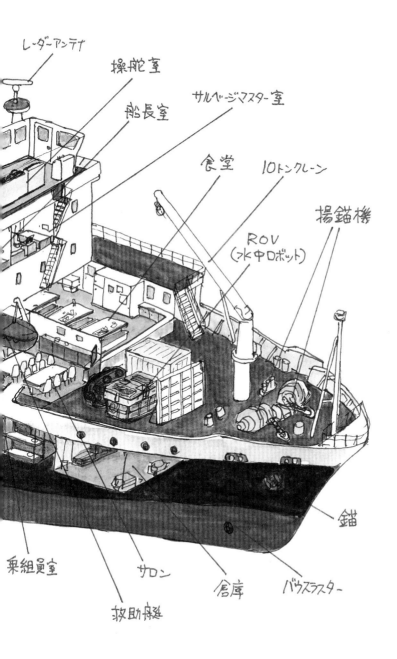

レーダーアンテナ

操舵室

船長室

サルベージマスター室

食堂

10トンクレーン

揚錨機

ROV
(水中ロボット)

錨

乗組員室

サロン

救助艇

倉庫

バウスラスター

海のレッカー車

タグボート（曳船）と聞くとたいてい港の中で大きな船舶の離接岸を助ける比較的小型の船（ハーバータグ）を想像すると思う。他にも艀（はしけ）と呼ばれる貨物を積んだ自走航出来ない平底の船を曳いて走るもっと小型の船もあり、それらは目立たない存在ではあるが、大きな港に行くとよく見かけることもある。

ところがそういった一般的なタグボートよりもずっと大きく、外洋を走ることの出来る通称「オーシャンタグ」と呼ばれている曳船が存在していることはあまり知られていない。

そういった船は海運会社や行政機関の要請によって港よりはるか沖合まで出掛けて行き、機関故障などで自力航行が不能になった船や海難事故でサルベージと呼ばれる救助作業を行った船を安全な場所まで曳航するのを主な仕事としているため「海難救助船兼曳船」と日本語では呼ばれている。つまりは海のレッカー車と言えばわかりやすいだろう。

そのため、通常のハーバータグよりも遥かに大きな船体を持ち、外洋を数日から数十日にわたって航海できる性能を備えている。

ここでご紹介するそんな船の一隻の航洋丸は日本有数のサルベージ会社である日本サルヴェージ株式会社が保有する我が国最大級のオーシャンタグである。

近年、こういったタイプの船は操舵室や居住区、機関部が船首に集中して設けられ、船体中央から船尾にかけて広く長いサルベージ用の作業甲板が設けられた一種独特なスタイルをしたものが主流になってい

るが、やや船齢の経過した彼女は船体のほぼ中央に船室部分があるため、クラシカルで美しいスタイルをしている。

我が国のサルベージの歴史は幕末まで遡るが日本サルヴェージは明治26年、長崎の造船所の一部門を源として創業した歴史のある会社で、同社のパンフレットのページを開くとまず戦前の日本郵船のフラッグシップだった貨客船浅間丸の香港での座礁と救助（1937年）の写真が載っていて、戦前のオーシャンライナー好きの私は思わずテンションが上がってしまった。

過酷なサルベージ作業

海難救助といってもニュースでよく報じられているように衝突、火災、座礁、転覆、沈没など様々なケースがあり、そういった救助を要請する船の種類もサイズも様々で航洋丸はどんなニーズにも対応できるような救助設備を備えている（ただし沈没船を引き揚げたり転覆船を復元したり等の作業は巨大なクレーンを備えた起重機船が行う）。

本書の取材の際も緊急の出動要請があると取材出来なくなることを覚悟の上だったが、当日は幸いなことに近海で何の事故も起こらずに無事訪船することができた。

まず船体中央上部の操舵室に入るとケーブル船や調査船のように前後左右に操船コンソールが備わり、自動船位保持装置により集中してサルベージ作業ができるような広い造りになっている。

レーダーマスト上には船舶火災消火のための放水銃が備えてある念の入れようだ。

中央船室後部に行くと船内に置かれた巨大な2基の曳航用ウインチドラム（トーイングドラム）が目につく。ここからは太いワイ

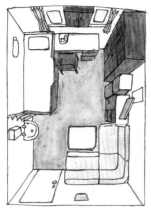

[サルベージマスター室]

海難事故の際、海難船の調査、作業計画の立案、救助活動を行い、船体や積荷などを安全な状態で所有者に引き渡す主任者の居室。

ヤーケーブルを引き出され、広い船尾作業甲板の後端のスターンローーラーを経由して曳航される船と接続される。

ちなみにこのドラムが2つあるのは万が一ワイヤーが切れた際の予備として一つは使われるそうだ。

船尾の作業甲板の真下は水中溶接機、油回収装置、コンプレッサーなど様々な救難器具が格納されている広い倉庫になっていていかなる海難事故にも対応できるようになっている。

また船体の船首側には1基、船尾側には2基の大型クレーンが装備されていてそのほかの救難器具を甲板上に積み込むことが出来、特に船首には沈んだ船の状況を調べるための水中ロボットと専用クレーン、操作用のコンテナ（これらは普段は門司港の倉庫に保管）も搭載できるような構造になっている。

気になるメインエンジンは5000馬力のものを2基搭載しているので合計1万馬力、一般的なこのサイズの船の出力は合計5000馬力前後が多いので倍のパワーを持っている。このエンジンによって生み出される最大曳航能力は約133トンで港湾タグの曳航力が60トン前後なのに対してやはり倍以上のパワーを発揮する。

またこういったサルベージ作業のほかにもこの曳航能力を活かした石油備蓄タンクや港湾施設の曳航や海底電力ケーブルの敷設回収など様々な業務を行っているとの事だった。

航洋丸

NIPPON SALVAGE

主要目

1998年 三菱重工業下関造船所建造
総トン数2,474トン（国際）
全長86m　幅14.5m　航海速力16.2ノット
合計乗船定員56名　航行区域 遠洋国際

国土交通省中部地方整備局名古屋港湾事務所

浚渫兼油回収船

清龍丸

海底の泥も漏れ出た油も回収する海の二刀流

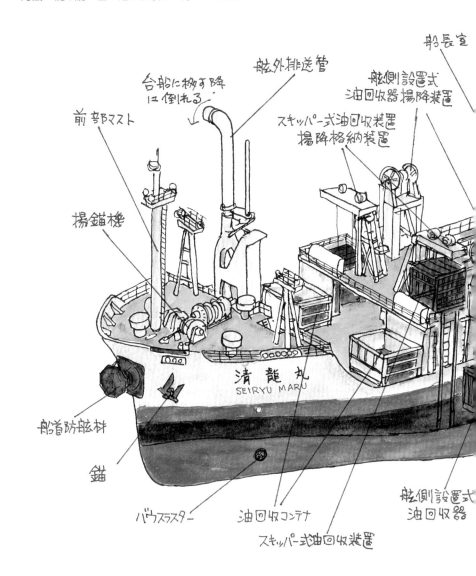

船長室

舷外排送管

舷側設置式
油回収器揚降装置

台船に接す降
に倒れる

スキッパー式油回収装置
揚降格納装置

前部マスト

揚錨機

船首防舷材

錨

バウスラスター

油回収コンテナ

スキッパー式油回収装置

舷側設置式
油回収器

清龍丸
SEIRYU MARU

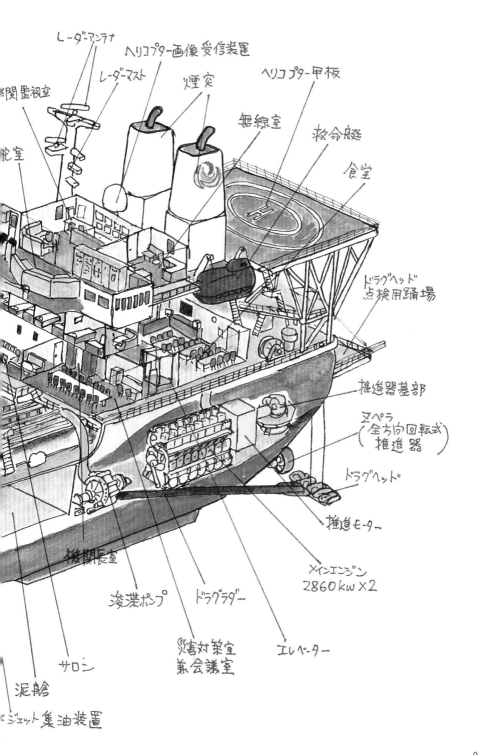

レーダーアンテナ
ヘリコプター画像受信装置
レーダーマスト
煙突
ヘリコプター甲板
機関監視室
無線室
救命艇
舵室
食堂
ドラグヘッド
点検用踊場
推進器基部
ヌペラ
(全方向回転式)
推進器
ドラグヘッド
推進モーター
機関長室
メインエンジン
2860kw×2
浚渫ポンプ
ドラグラダー
サロン
災害対策室
兼会議室
エレベーター
泥艙
ジェット集油装置

変わった形で変わった任務

北海道の苫小牧から太平洋フェリーに乗船し、仙台を経由して名古屋港に到着するとフェリーターミナルの対岸に少し変わった形をした船が停泊していることがある。

この船が国土交通省所有の浚渫兼油回収船の清龍丸である。

彼女の業務は大きく分けて三つ、名古屋港の船舶航行域の水深を保つための浚渫作業と太平洋沿岸海域で発生した船舶による油の回収作業、そして大規模災害時の被災地支援で、まったく別の大きな任務を兼ね備えたとても特殊な船であると言えよう。

名古屋港の影の立役者

名古屋港は名古屋市内を流れる庄内川の河口に築かれた港であるために川からは年間約30万立方メートルもの土砂が流出し、さらに港自体の地形が遠浅であることから何もしない状態では近年の船舶の巨大化により港湾施設としての機能はかなり支障をきたしてしまう。

そのため超大型のコンテナ船等も通行できるような航路や水域の水深（東航路は水深16m）を確保するための海底の土砂を取り除く浚渫と呼ばれる作業が必要となってくる。

この清龍丸は名古屋港で浚渫を行う船の中でも最大で1サイクル約2時間の作業で約600立方メートル（ダンプトラック100台分）の土砂を取り除く機能を持ち24時間3交代で日夜効率的に行われている。

どのような作業をするかというと、まず浚渫作業海域に到着すると船尾にあるドラグヘッドと呼ばれる家庭用掃除機のＴ字型ヘッドの

親玉みたいな装置を海底に斜めに降ろしてゆっくりとそれを引きずるように前進しながら海底の土砂を海水と一緒に吸い取ってゆく。

吸い取った土砂は浚渫ラインと呼ばれるパイプで船内に運ばれ、中央にある土砂タンク（泥艙）に積み込まれる。

この時、海水と一緒に吸い取ったため、土砂は底に沈み、上澄みの海水はまた別のパイプを通って海底のドラグヘッドに戻される。この海水を海底に勢いよく吹き付けることで海底の土砂は舞い上がり吸い込みやすくなる。これはリサイクルすることによって余分な海水を使わないとても効率のいいやり方で、こうした作業を繰り返して泥艙に溜まった土砂は右舷側にある船外排送管により、専用の受け入れ台船に配送され、埋め立て地の基礎に再利用されていく。

清龍丸のように移動しながらの浚渫は、交通量の多い航路を塞がなくてよいことや大型商船の航行を止めなくてよいことなど、名古屋港の機能を正常に維持したまま効率的な浚渫作業が行えるという他にはない機能面を持っている。

ふたつめの油回収機能は、船舶やコンビナートなどから事故によって流出したオイルを回収することで、こうして浚渫と油回収能力を併せ持つ船は新潟港の白山と北九州港の海翔丸の3隻しか存在しない。

清龍丸の油回収方法は1～3ノットという微速で航行しながら両舷に備えられ赤く塗られた2種類の油回収器を使って行う。

油膜などの柔らかい油は過流式と呼ばれる水ジェットの噴流を使った箱状の回収器で、ボール状に固まった油はスキッパー式と呼ばれるかご状の回収器でデッキに設け

られた油回収コンテナに移される。こうした作業で1時間に1000キロℓ（ドラム缶約5000本分）という途方もない量の油水が回収可能との事だった。こうした作業のため、推進方式はタグボートによく使われる全方向旋回式のプロペラが採用されている。

大規模災害支援にも対応

さらに官公庁船ということで、大規模災害の際は速やかに被災地に赴き、迅速な被災状況の情報収集や応援人員や物資の輸送を行う機能も持っている。

実際に東日本大震災や熊本地震、西日本大豪雨などといった災害の際には被災地への緊急物資や給水の支援、さらには船内浴室を開放した入浴支援と洗濯機の利用開放も行っていた。

船内にはこうした緊急事態に対応するための各種情報を集めて分析する災害対策室やヘリコプター甲板（ヘリコプターを積んでいるわけではないが）、高感度望遠カメラなどが備えられていた。

このような多元的に活躍する機能を持つ

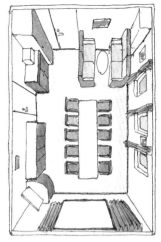

〔サロン〕

この他にも広い食堂や会議室、エレベーターまで備えているのは、災害救助の際に被災者の乗船も想定してのことなのかもしれない。

船だが、油が流出するような海上事故や大規模災害が発生して出動するような機会は出来る限り起こらないほうがいいわけで、彼女が日々、地道に名古屋港で浚渫作業に勤しんでくれるような状況が長く続いてくれることを祈りたい。

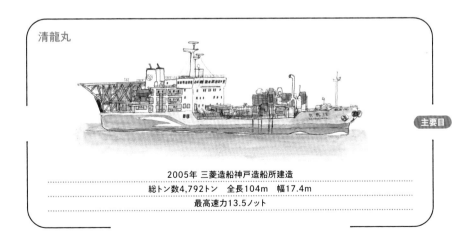

清龍丸

主要目

2005年 三菱造船神戸造船所建造
総トン数4,792トン　全長104m　幅17.4m
最高速力13.5ノット

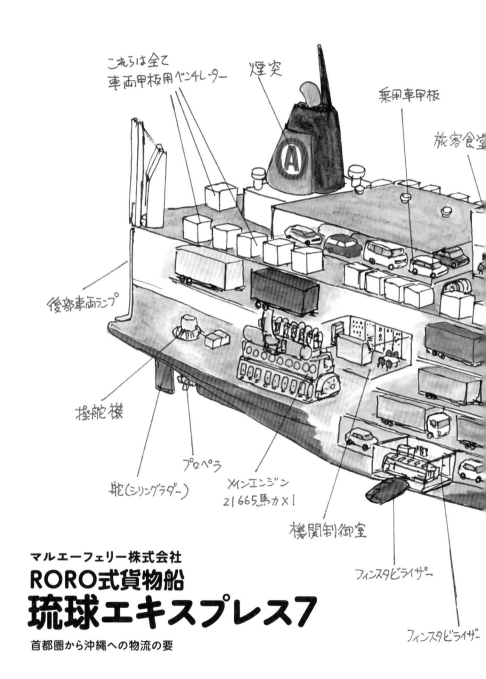

これらは全て
車両甲板用ベンチレーター

煙突

乗用車甲板

旅客食堂

後部車両ランプ

操舵機

プロペラ

舵(シリングラダー)

メインエンジン
21665馬力×1

機関制御室

フィンスタビライザー

フィンスタビライザー

マルエーフェリー株式会社
RORO式貨物船
琉球エキスプレス7
首都圏から沖縄への物流の要

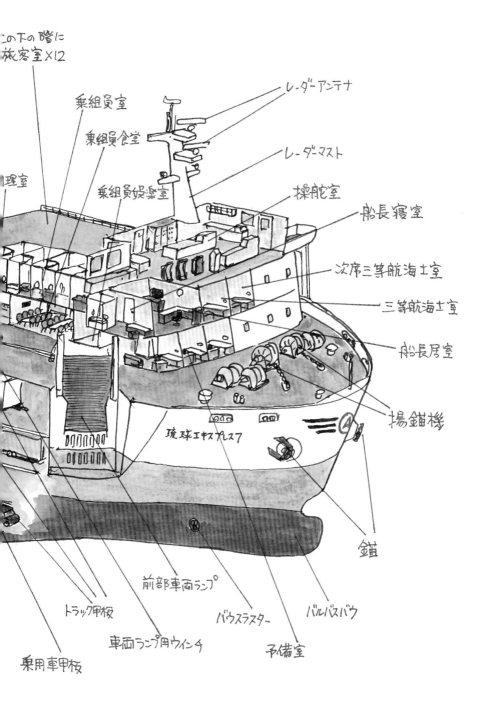

この下の階に
旅客室×12

乗組員室

乗組員食堂

乗組員娯楽室

調理室

レーダーアンテナ

レーダーマスト

操舵室

船長寝室

次席三等航海士室

三等航海士室

船長居室

揚錨機

琉球エキスプレス7

錨

前部車両ランプ

トラック甲板

バウスラスター

バルバスバウ

車両ランプ用ウインチ

予備室

乗用車甲板

かつての沖縄行き旅客航路

首都東京にお住まいの方で、つい近年（2014年）までおひざ元の東京港から沖縄の那覇まで乗り継ぎ無しの旅客フェリーが運航されていたことをご存じの方はどのくらいいるだろうか？

しかもその旅客ターミナル（プレハブの平屋だったが）は観光客で賑わうお台場海浜公園や各種展示会、コミックマーケットなどが開催される国際展示場の東京ビッグサイトから徒歩圏内であったことを……。

この航路は東京港から鹿児島県の志布志、奄美大島の名瀬を経由して片道50時間、1743キロの航路は当時日本最長の旅客航路だった。

LCCであれば下手をすると一万円札でおつりがくることもあった時代に2等でも2万7230円（食事別）、旅客機であれば羽田を飛び立って那覇空港に到着する頃にまだやっと東京湾を出たところというこの航路、考えてみればよく頑張って旅客扱いをしてくれていたなぁという気もしてしまう。

しかし船に乗ることが三度の食事よりも好きな私にとっては最終的にこの航路で運航されていたクルーズフェリー飛龍21の旅客設備がかなり充実していたと言う事もあって、ものすごく乗ってみたい垂涎の航路だった。

ところが悲しいことに当時は船とはほとんど無縁の会社に勤めるサラリーマンの身、いつか会社を辞めて時間に余裕が出来たら乗ってみようなんて思っているうちに廃止が決定してしまったという経緯がある。

沖縄航路の歴史を手短かに紐解くと明治8年まで遡る。当時は日本郵船の前身の会社が、その後は大阪商船に移り、戦後は関西汽船が主に旅客扱いをしていたのだが1950年代になっていくつもの会社が参戦。東京〜那覇航路も琉球海運と大島運輸という会社が旅客航路を持っていた。

この最後まで東京航路を残した大島運輸の現在の社名がマルエーフェリーであり、同社の鹿児島〜奄美諸島〜那覇航路は唯一の沖縄行き旅客航路としてマリックスライン（本書24ページ参照）との共同運航で継続中である。

……ということで前置きが長くなったが、この同社の東京〜那覇航路は旅客航路ではなくなったが現在もRORO貨物船でしっかりと運航されている。

ここで紹介する琉球エキスプレス7はこの航路の新造船でマルエーフェリーとしては中古船を購入したフェリーたかちほ（宮崎カーフェリーの同名船とは全く別）から数えて6隻目のRORO船となる。

東京での停泊地の若洲ふ頭はJR新木場駅からタクシーで10分ほど走った場所ある。

乗船はこういったRORO船の常でタラップは一応あるのだが、たいていは後部の車両ランプだ。ここから陸上の建物でいうと6〜7階ほどの階段を昇ってやっと上甲板の最後部にたどり着き、そこから百数十メートル歩いて船首に着いて、さらに3階分昇ってやっと操舵室に到着という運動不足の私にはとてもいい運動になった。

充実した乗組員設備

今回、この船体解剖図を描くためにこの船に訪船させていただいて船内を見て回ってつくづく感じたのだが、最近のRORO船

は他の内航船に比べるとものすごく乗組員さん一人当たりの居住区のスペースが広い。食堂のサイズは平均的なのだが、ほかにリラックスできるフェリーの2等和室のような娯楽室も完備されている。

さらにとても驚いたのは乗組員さんのすべての船室（個室）にソファやデスク、トイレはもちろんのこと、なんとシャワーではなくバスタブが完備されている事だろう。

これは船のサイズが大きく、その割に自動化が進んで必要人員が少なくて済むことからなのだろうが、小さな内航貨物船であれば船長室でさえトイレやお風呂は共有なのに、この好待遇はちょっと考えてもいなかった。一等航海士さんと一等機関士さんの船室は居室と寝室に分かれ、船長室に至っては船長さんが「自宅の部屋より遥かに広いです」と苦笑いするほどの広大なレベル。

無理を承知で言えば、こんな素晴らしい居住環境を内航船のどの船でも実現すれば人手不足は一気に解決するのではとつくづく感じてしまった。

さらに12名が乗船可能な旅客室もあり、

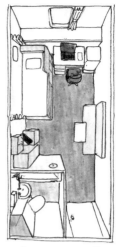

次席三等航海士室

デスク、ソファ、バスタブ室が備わった居室。船長室はさらに2.5倍ぐらい広い。ただし船首先端近くにあるため揺れも大きいと想像される。

ベッドと洗面台があるフェリーの2等個室のような感じで、簡素ではあるが快適そうな部屋だった。残念ながら一般乗客の乗船は会社として認めておらず、公官関係車両や特殊車両での乗船が基本的な条件となっているようだ。

琉球エキスプレス7

A" LINE

主要目

2022年 内海造船因島工場建造

総トン数13,631トン　全長190.9m　幅27m

航海速力22ノット　積載能力 トレーラー187台・乗用車204台

東京〜名古屋〜油津〜志布志〜那覇航路に就航中

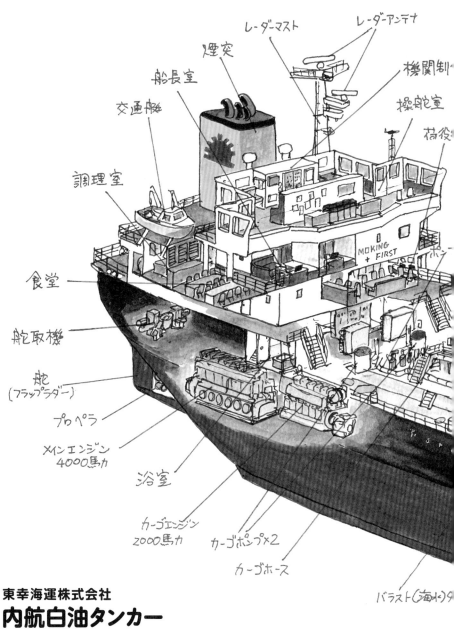

レーダーマスト

レーダーアンテナ

機関制

操舵室

荷役

煙突

船長室

交通艇

調理室

食堂

舵取機

舵
(フラップラダー)

プロペラ

メインエンジン
4000馬力

浴室

カーゴエンジン
2000馬力

カーゴポンプ×2

カーゴホース

バラスト(海水)タ

MOKING
+ FIRST

東幸海運株式会社
内航白油タンカー
ほだか丸
生活に密着したエネルギー運搬船

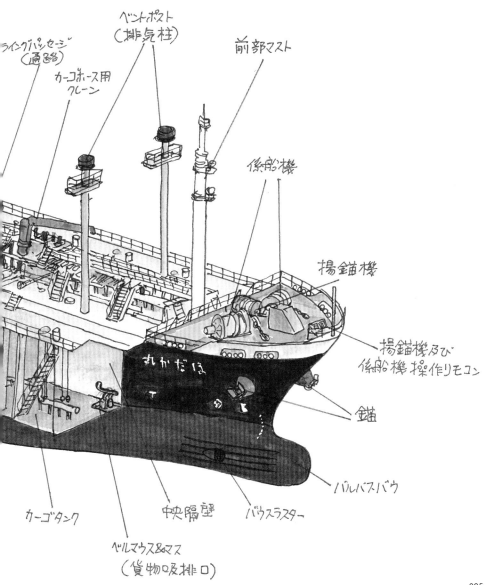

ライジングパッセージ
（通路）

カーゴホース用
クレーン

ベントポスト
（排気柱）

前部マスト

係船機

揚錨機

揚錨機及び
係船機操作リモコン

錨

バルバスバウ

カーゴタンク

中央隔壁

バウスラスター

ベルマウス&マス
（貨物吸排口）

タンカーの基本形

　中東関連のニュースや石油会社のCMなどで流れるためか、船の「タンカー」と聞くとやはり海外の産油国から原油を輸入するのに使われる何十万トンもある巨大な原油タンカーをほとんどの人が想像することと思う。ところが実際にそんな巨大なタンカーを目にすることはめったになく、港でよく見かけるのは数百トンから数千トンといった規模の内航タンカーである。

　この内航タンカー、ちょっと見た感じさほど普通の貨物船と変わったところはないので、残念ながらタンカーとしては一般には認識されがたい地味な船であるが、この種の船こそ我が国のエネルギー物流を支え、私たちの生活を担ってくれる非常に大事な存在であることを忘れてはならない。

　内航タンカーといっても重油や原油を運ぶ黒油タンカー、液体化学薬品等を運ぶケミカルタンカー、LPG LNGといったガスを液化したものを運ぶタンカーなど様々な種類がある。

　ここで紹介するほだか丸は街のガソリンスタンドで売っているようなガソリン、軽油、灯油と言った私たちの生活に直結するような石油製品を運ぶ白油タンカーと呼ばれる船で、内航タンカーの中では最も隻数が多く3割近くを占めている。

安全第一の荷役作業

　最初に述べた原油タンカーで輸入された原油はまず石油コンビナートなどにある製油所に陸揚げされ、そこで各種の油製品に精製される。これを日本全国にある油槽所と呼ばれる貯蔵施設に届けるのがこうしたタンカーの仕事だ。そして油槽所に届いた油は

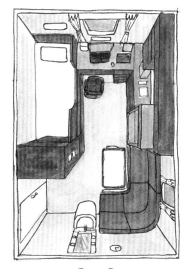

[船長室]

ごく標準的なサイズと設備を持つ居室。多くの船舶の船長室は操舵室の真後ろ、もしくは直下の右舷側に配置されている。

タンクローリーなどを通じて消費地に運ばれ、様々な燃料になっていく。

　この内航タンカー、先ほどは見た目は普通の貨物船とさほど変わらないと書いたが、よく見ると甲板上には多くのパイプ類が複雑に組み合わされて配置されている。

　さらに船体内部の構造はもっと違っていて、普通の船の船底近くには浮力を調節するためのバラストタンクという海水を貯めたり排出したりするタンクが備わっているのだが、こうしたタンカーの場合はそのバラストタンクが船底だけではなくサイドまでＵの字型に回り込むかたちで存在している。

　これは積み荷が液体のため、空荷と満載の場合の船の浮き沈みの差が極端に激しく、バラスト海水を普通の船より多く積むのにタンクの容量を確保するためと、船の側面や底面を二重にすることによって、衝突

や座礁で亀裂が入ったり、割けてしまった場合などに積み荷の油が船外に漏れてしまうことを最小限にふさぐためだ。

また可燃性の高い油を積み荷として積むため、万が一のための消火設備が甲板上のあらゆるところに存在していた。

取材ではまず積み荷の油を積み込むカーゴタンクに案内していただいた（もちろん空荷状態、積載時は立ち入り厳禁）。

このタンクは前後方向に全部で6つあり、中央で隔壁によって左右に分かれている。タンクの総容量は約6000キロℓで、大型のタンクローリーで300台以上にあたる。

まず甲板上の人ひとりがやっと通れるような狭いハッチから梯子で内部に入り、さらに急な階段で下まで降りると前後左右を灰色の隔壁で囲まれた薄暗い空間が広がっている。ここに平時はガソリンや軽油といった油類がたっぷりと入るわけなのだが、こうして空の状態では中にずっといても匂いもしないし息苦しさもまったく感じかった。

船内に入ると操舵室のすぐ後ろに機関制御室があるのが少し珍しい。そして階下には積み荷の油の搬入搬出を一括管理する荷役制御室が備わり、ここで階下にある荷役用のポンプを完全自動化で管理している。

機関室に入ると4000馬力のメインエンジンと直列に並んで、ふたつの荷役用のポンプを動かすためのカーゴエンジンが目につく。これは500トンクラスの貨物船のエンジンとして使える程の2000馬力の出力のもので、これで2台のポンプで1時間に最大2600キロℓの油を陸揚げすることが出来る。

SNSで発信中

このように我が国のエネルギーを支える原動力となっている内航タンカー。取材させていただいた所有者の東幸海運さんではこの種類の船を知ってもらうため、各種のSNSを使って様々な情報発信を行っている。特にYouTube「東幸海運タンカーの日常」は登録者数3万人以上の人気YouTubeチャンネルで、こうした内容を分かりやすく解説しているためご興味を持たれた方は覗いてごらんになるといいだろう。

ほだか丸

主要目

2004年 伯方造船建造

総トン数3,794トン

全長104.6m　幅16m　航海速力13.95ノット

タンク容量6,349キロℓ

NEO

第3章

学ぶ・調べる
フネ

株式会社オーシャン・ジオフロンティア
三次元物理探査船
たんさ

不思議な船型で資源調査

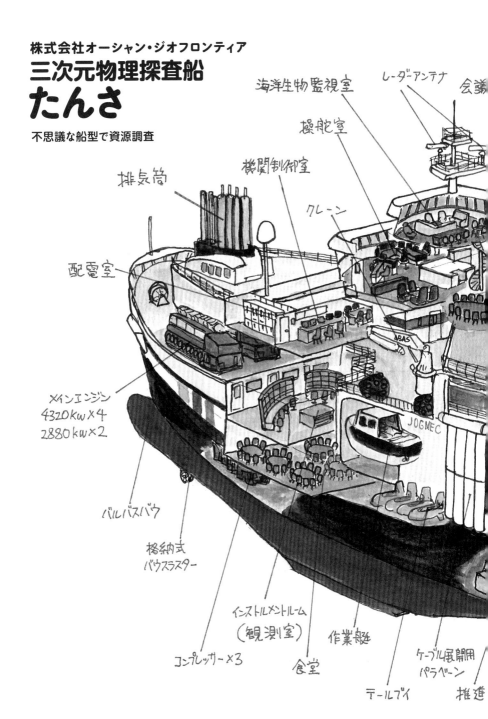

排気筒

機関制御室

海洋生物監視室

操舵室

レーダーアンテナ

会議

クレーン

配電室

ABAS

JOGMEC

メインエンジン
4320kw×4
2880kw×2

バルバスバウ

格納式
バウスラスター

インストルメントルーム
（観測室）

コンプレッサー×3

食堂

作業艇

テールブイ

ケーブル展開用
パラベーン

推進

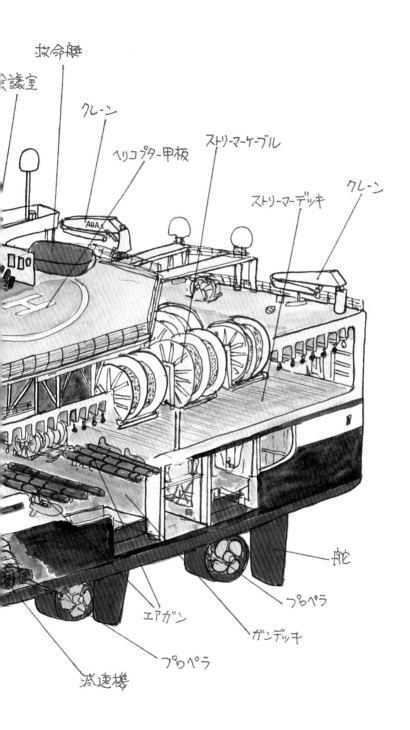

救命艇

会議室

クレーン

ヘリコプター甲板

ストリーマーケーブル

ストリーマーデッキ

クレーン

ABA

舵

プロペラ

ガンデッキ

エアガン

プロペラ

減速機

我が国のエネルギー問題解消の担い手

　世界のエネルギー問題が取りざたされている現代において、国土の大半が山々で狭い島国の我が国日本ではなかなか自前の領土を掘ってエネルギー資源を得るのは難しい状況にある。ところがいざ海に目を向けると、大小多くの島々が広範囲にわたって点在しているため、EEZ（排他的経済水域）と呼ばれる領海ではないけれど自由に経済活動をしていいという海域がなんと世界6番目の面積で広がっている。

　そこで、石油や天然ガスなどの資源エネルギーが埋まっている海域を見つけだして採掘し、我が国の安定的なエネルギー資源の確保につなげられれば……ということで、そういった資源探査の先進国であるノルウェーから専用船を購入して国家的なプロジェクトとして運航されているのがこの三次元物理探査船の「たんさ」である。

他に類を見ない独特のスタイル

　一般的に船を上から見るとたいていが横幅に比べると縦方向が非常に細長いかたちをしている。これは速さと燃費の効率を求めるために必然的なもので、例えば5万トンのクルーズ客船の飛鳥Ⅱは長さ約241mなのに対して、幅はその12%の29mでしかない。

　時折、幅のやたら広い船を見かけることがあるが、それはふたつ（もしくは三つ）の細長い船体を並列に浮かべてその上に幅広い甲板を載せることによってひとつの幅広い船を形成している双胴船（もしくは三胴船）という種類の船である。

　ところがこのたんさ、単一の船体でありながら、長さは約102mと伊豆諸島航路の6千トンの貨客船より小さいサイズなのに対して横幅はなんと40mと十数万トンの世界最大級のクルーズ客船に匹敵するサイズを持っている。

　もちろん水の抵抗を抑えるため船首は鋭くとがっているため上空から眺めるとその形は二等辺三角形に近く、ちょうどアルファベットの大文字のＡという形によく似ている。

　この奇妙なデザインはその幅広く、船幅いっぱいに大きく開口部が開けられている船尾から資源探査のための各種装置を投入するためのもので、開口部は上下に2段に分かれている。

　まず上段からストリーマーケーブルと呼ばれる数千メートルの長さのケーブルを10数本海面と平行に流し、約20メートルの深度で幅および長さ数キロメートルにわたって海上に展開してゆっくりと曳航する。

　そして下段から黒い筒状のエアガンと呼ばれる装置を海中に投入、そこから音波が海底に向けて発射され、海底の地形や地層で反射してきたその音波をストリーマーケーブルに内蔵された受振機で捉えて海底の地下構造を詳しく解析して、エネルギー資源を探し出すわけである。内部の広大なケーブルの格納庫には巻き取るための高さ数メートルもある巨大なドラムが20数個、所狭しと並べられていてそこにいるとまるでなにかの工場の中にいるかのような気分になった。

前方配置のエンジンと画期的な船内

　こうして船体の一番幅の広い後半部分は資源探査のための機材の格納と展開作業に使われているため、乗組員と調査部員の

居住区は船の前半部分に集中している。そしてさらに先端に向かってすぼめられた船首の狭いスペースにはなんと6基ものメインエンジンが据え付けられていた。

この船は電気推進船でこれらのエンジンは主に推進モーターの発電用に使われ、エンジン音のケーブルへの影響を少なくするために、船体の前方に設置されている。普通の船であれば船体の中央から後部にかけて据え付けられていて、こんな前方にある船は初めてなのでとても驚かされた。そのためエンジンの排気筒はあろうことか操舵室より前方のデッキ上に、しかも6本がすべてむき出しでそそり立っているのも面白かった。

船内の居住区画も充実して広々としている。とくに操舵室は調査航海時は24時間体制でのきめ細かな運用が行われるため乗組員がリラックスできるようにとソファも置かれ、いくつものディスプレイで囲われた宇宙船の様な操舵コンソールをキャプテンシートに座って操作するという未来的な眺めは普段質素な日本船ばかりを見ている私には珍

〔操舵室〕

計器らしきものがほとんど見当たらず、液晶ディスプレイが並んだコクピット風の操舵コンソール。椅子は前後に長くスライドする。

しく、憧れるものに感じた。

このようにまるで外観も船内も運航内容も一般の船とはまったく違った個性を持つ「たんさ」、眠っている日本近海の石油、天然ガス資源を探し出すため日夜活躍している。

やがてはこうした三次元物理探査から試掘、本格的な掘削、そしてパイプラインを通じて本土に送り届けるまでになっていくであろう我が国の海洋資源開発、その重要な第一線で今後も活躍していくことを期待したい。

たんさ

主要目

2009年6月　ノルウェーの資源探査船「ラムフォーム スターリング」として建造
総トン数13,782トン　長さ102.2m　幅40m
最高速力18ノット
所有は独立行政法人エネルギー・金属鉱物資源機構（JOGMEC）
運航は（株）オーシャン・ジオフロンティア

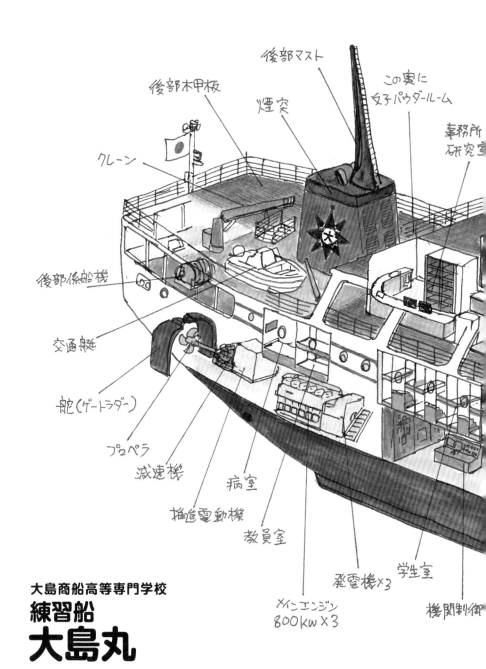

後部マスト

この奥に
女子パウダールーム

後部木甲板

煙突

事務所
研究室

クレーン

後部係船機

交通艇

舵(ゲートラダー)

プロペラ

減速機

病室

推進電動機

教員室

発電機×3

学生室

メインエンジン
800kw×3

機関制御

大島商船高等専門学校
練習船
大島丸
学校の船としては画期的な装備を持つ船

104

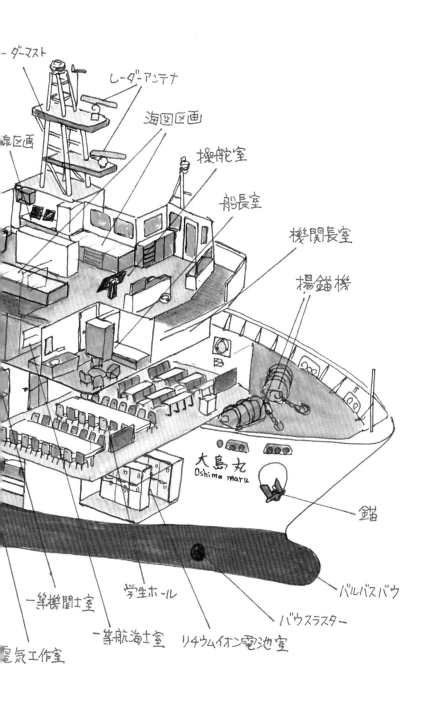

レーダーマスト

レーダーアンテナ

海図区画

操舵室

居区画

船長室

機関長室

揚錨機

大島丸
Oshima maru

錨

バルバスバウ

一筝機関士室

学生ホール

バウスラスター

一等航海士室　リチウムイオン電池室

電気工作室

耐用年数が近い商船高専の船たち

高等専門学校は主に工業や海事に関わる技術者養成のため、中学を卒業してから5年間（商船学科は5年6か月）つまり高校と短大との同じぐらいの期間を一括して教育を受けられる高等教育機関で、一般の高校、大学に比べて遥かに高い就職希望者に対する求人倍率があるため、就職率はほぼ100%となっている。

全国にはこの高等専門学校が58校あり、その大半が工業系の学校だが、商船系の学校として富山、鳥羽、大島、広島、弓削の5校の国立商船高等専門学校（以下、商船高専と略す）が存在している。

これらの商船高専はどこも専用の練習船を所有し、学生はその船で航海訓練を行っているが、どの船も1990年代に建造され、そろそろ耐用年数を迎えようとしている。

ここで紹介する大島丸は山口県の大島商船高専が所有し、最も年数の経っていた先代の大島丸の代船として2023年（令和5年）に新造された船で、電気推進や女子専用エリアを有するなど様々な新機構が採用された画期的な練習船として注目されている。

実際に先代の大島丸より長さで15m、幅で3m、総トン数で145トンと大幅なスケールアップが図られ、商船高専の練習船としては日本最大の大きさになった。

若い学生の使い勝手を考慮

大島といっても我が国には奄美大島のような本当に大きい島から人口2名の小さな大島、果ては無人島まで様々な大島が存在する。この大島は周防大島（屋代島）と

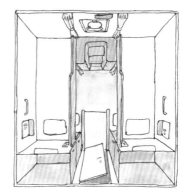

［学生室］

4人部屋のそれぞれの寝台に読書灯と電源ソケットとUSBポートが付くのはスマホを手放せない最近の学生に配慮したものだろう。

いう瀬戸内海で3番目に大きな島である。

ちなみに東京都の伊豆大島には大島国際高等学校という都立高校があり、その学校も同名の練習船である大島丸を持っていて、しかもどちらも新しい船というとてもややこしい状況なので注意が必要だ。

船内に入ってみると広い窓に最新の航海機器を備えた操舵室には実習生用の海図台がずらりと並び、その中央に電子チャートが映し出される大きなディスプレイがたくさんの学生が周囲から覗き込めるかたちで備えられている。

その下の端艇甲板にはまず最前部に船長室と機関長室がある。そしてその後ろに一等航海士室と一等機関室があり、この二部屋は個室でありながら2段ベッドの上下の入り口をそれぞれの部屋の向きに互い違いに開けて共用しているのが最近のフェリーの寝台のようで面白い。

またこの船は他の商船高専の練習船と同様に海洋調査の機能や移動基地局として運用できる災害支援機能も備えており、こ

の甲板の後部には事務室と兼用になった研究室もある。

　上甲板に移ると前方はこの船の幅いっぱいに取った学生ホールがある。ここには講義用の前方を向いた机と広い2台のテーブルがあり、テーブルのほうは学生たちが向かい合ってのミーティングや大きな海図が広げられるなど工夫が凝らされている。またホール内の照明はLEDを使って講義、食事、団らんなどその時の使用状況によって明るさと色合いが自由に変えられる。パーティの際などには七色の照明が飛び交って華やかな感じに出来るのも現代風だ。

　その後方には船尾に向かって左右両舷に学生室が並んでおり、女子学生区画は航海時に乗り込む女子学生の人数に応じてセキュリティの効いた部屋の増設ができるようになっており、お洒落な女性必須のパウダールーム（洗面所）も完備している。

　そして最後にこの船の心臓部である機関室だが、驚いたことにこの船は3台のディーゼルエンジンで発電して推進モーターを駆動しつつ、船内にも電気を供給、さらにリチウムイオン電池に充電できるというハイブリッド式の電気推進船だった。これはもちろん航海練習船としては日本最初のものとのことだった。

　これにより今後増えていくだろうこういった電気推進船の構造に対応でき、燃費もよくなり、静粛性が圧倒的に向上しているので講義を聴くうえでも静かな環境の中で勉学に励むことができるという理想のシステムなのだ。

　こうした電気推進の基本的なシステム自体は昔から存在していながらいまだに普通のエンジンによる軸推進に比べて高額であることが普及のネックとなっており、これを導入した学校の英断を素晴らしく感じた。

　ちなみに搭載のリチウムイオン電池だけでの電動航行はさすがにパワーが足りずに出来ないとのこと、まだまだハイブリッドカーのようにはいかないものである。

　他にも枚挙のいとまがないほどの新機構、新機軸をこの船は備えている。今後続々と代替時期を迎える他の商船高専の練習船（シリーズ船）も負けないぐらいの素敵な船になっていってもらいたいものである。

大島丸
（4代目）

主要目

2023年 三菱重工業下関造船所建造

総トン数373トン　長さ56.49m　幅10.6m

航海速力12.5ノット

定員60名（3時間未満150名）

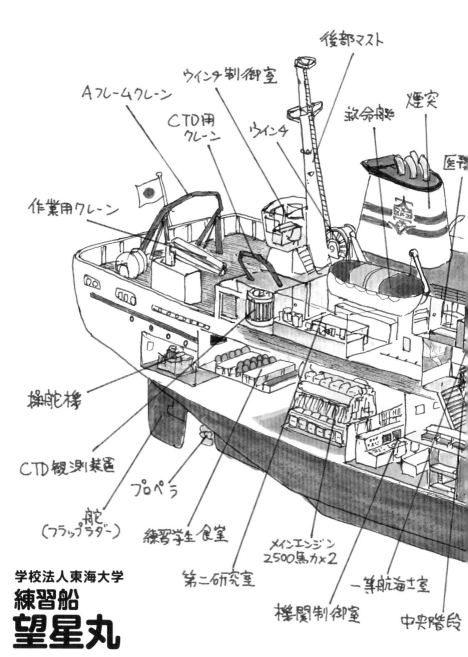

後部マスト

ウインチ制御室

Aフレームクレーン

CTD用
クレーン

ウインチ

救命艇

煙突

医療室

作業用クレーン

操舵棒

CTD観測装置

プロペラ

舵
(フラップラダー)

練習学生食堂

第二研究室

メインエンジン
2500馬力×2

機関制御室

一等航海士室

中央階段

学校法人東海大学
練習船
望星丸

日本でたった一隻の私立大学保有船

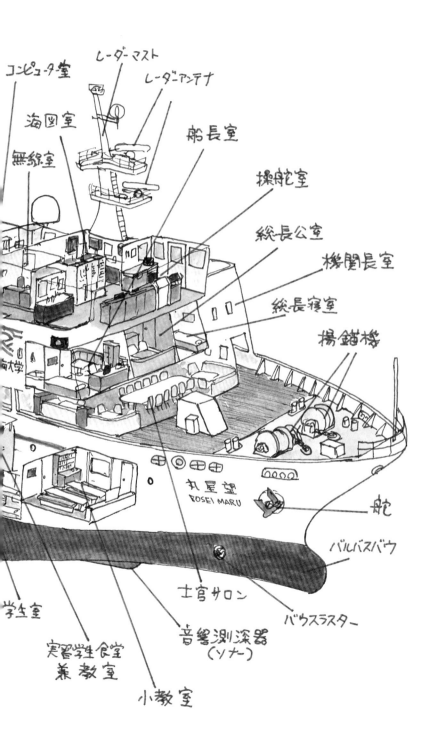

コンピュータ室

レーダーマスト

レーダーアンテナ

海図室

船長室

無線室

操舵室

総長公室

機関長室

総長寝室

揚錨機

丸星望
ROSEI MARU

舵

バルバスバウ

学生室

士官サロン

バウスラスター

実習学生食堂
兼教室

音響測深器
（ソナー）

小教室

日本新三景の景勝地が母港

　船乗りの卵たちを乗せて航海の訓練をするための船は練習船、実習船などと呼ばれて全国の学校で大小総数48隻（2021年実績）がある。

　その中でも大学の保有する練習船は東京海洋大学の4隻を筆頭に12隻あるが、ほとんどが国立大学の船で唯一この望星丸だけが私学（学校法人）である東海大学が所有し運航する船だ。

　日本で最初の海洋学部を開設した同校では1962年に大型の漁船を改造した初代東海大学丸を就航させて以来、初代望星丸など訓練航海のみならず各種の海洋調査にも大きな威力を発揮する船を次々と就航させてきた。

　ここで紹介する望星丸は1993年に同校の建学50周年を機にそれまでの「東海大学丸二世」と「望星丸二世」を統合するかたちで完成した本格的な海洋調査機能を持つ船で遠洋航海資格を持ち、北方海域まで行けるよう船体も耐氷構造（日本海事協会ID級）になっている。

　ちなみに1968年建造の東海大学丸二世は同校初の新造船だったということで引退後はこの大学近くの三保半島先端にある海洋科学博物館入り口前の庭に保存展示されていたが、残念ながら老朽化に伴い2016年に解体されてしまった。

　日本新三景のひとつ三保の松原にほど近い場所にある東海大学の静岡キャンパスは古くからある海洋学部と近年に移設された人文学部の二つの学部からなるキャンパスで、清水の中心部からは湾の最奥部の少し離れたところにあり、渋滞等もあって陸路では通学には時間がかかっている。

　そのため最近、全国でも例のない通学バスならぬ通学船をJR清水駅の近くのふ頭から大学近くの桟橋まで運航を始めて10分以上時間が短縮されたことでも話題になった。ただし残念ながら普段は通学バスと同様に同大学の学生及び教職員方々しか乗船できない。

ドラマや映画に登場

　望星丸はこの通学船の航路のほぼ中間あたりの位置にある静岡市の岸壁に係留されており、その姿は30年が経過したとは思えないほどスタイリッシュで綺麗に保たれている。

　2017年には練習船を舞台にした青春もののTVドラマの撮影に使われたり、2022年公開の映画ではシベリア抑留から戻る引揚船として登場（ただしCG加工によりほとんど望星丸の面影はないが）したりと私学の船ならではのメディア露出人気ぶりである。

海洋調査船としても活躍

　船内に入るとエントランスの階段の吹き抜けの壁に大学の創立者松前重義氏の詠んだ建学の精神の言葉が大きく記されている。

　またこの船は1996年の世界一周航海をはじめ、世界各地に遠洋航海を行っており、船内には世界各地の港の入港記念楯が飾られ、その時の様子を写した写真が船内の通路の壁のいたるところに掲示されていた。

　さてこの船、先にも述べたように練習船と調査船という二つの大きな役割を持っている。

　まず練習船としてだが、海洋学部の全学生さんは必須科目としてこの船での海洋実

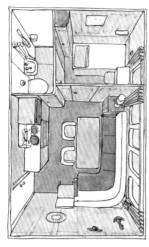

〔総長室〕
居住区画最前部、操舵室の直下にある。VIPの接待
にも使用される、かなり広い豪華な部屋。

習を行わなくてはならない。さらに海洋理工
学科航海学専攻の学生さんは船乗りになる
ための訓練として長期にわたる乗船実習を
行うことになる。また船の種類としては旅客
船の資格もあるため、付属の小学校の児
童や生徒を対象に体験航海を行うことも出

来、市民向けの一般公開を実施するなど、
広く海と船を知ってもらうための役割を果た
している。

そしてもう一つの大きな役割は本格的な
海洋調査船であることだろう。

船首近くの船底には海底の深さを調べる
音響測深機が備わり、船内にはデータ解
析などの机上研究を行うドライラボと採取し
た生物やCTDと呼ばれる海底に沈める観
測装置で採取した海水などを調べるウェット
ラボの二つの研究室が置かれている。

船尾の甲板に目を移すと海洋調査船の
特徴である大型の観測機器を海中に投下
するAフレームクレーンや中折れ式のクレー
ンが立てられ、その上のボートデッキには
地質を調べるエアガンシステムなどの観測
機器を曳航するためのウインチなどが並び、
いかにも海洋調査船としての雰囲気がある。

こうして様々な観測、調査、研究を船内
で行うことで日本近海から南太平洋に至る
総合的調査に貢献しており、船齢こそ経過
しているものの、まだまだ活躍してもらいた
い船なのである。

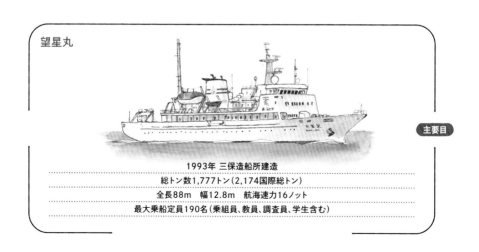

望星丸

主要目

1993年 三保造船所建造
総トン数1,777トン(2,174国際総トン)
全長88m 幅12.8m 航海速力16ノット
最大乗船定員190名(乗組員、教員、調査員、学生含む)

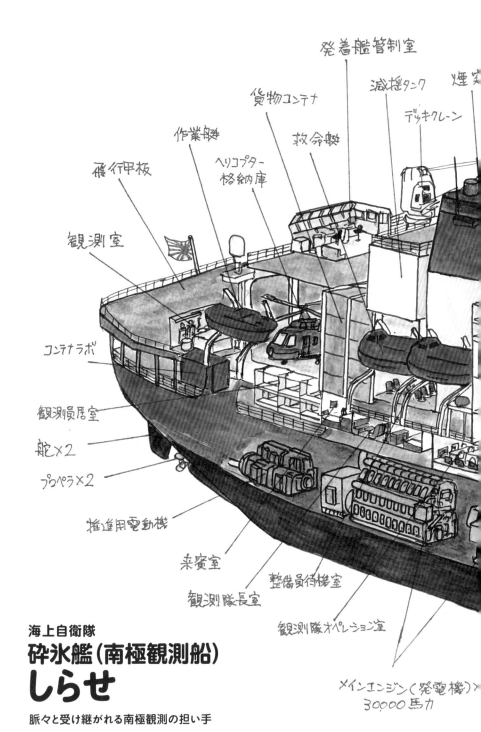

発着艦管制室

減揺タンク

煙突

貨物コンテナ

デッキクレーン

救命艇

作業船艇

ヘリコプター格納庫

飛行甲板

観測室

コンテナラボ

観測員居室

舵×2

プロペラ×2

推進用電動機

来賓室

観測隊長室

整備員待機室

観測隊オペレーション室

メインエンジン（発電機）
30,000馬力

海上自衛隊
砕氷艦（南極観測船）
しらせ
脈々と受け継がれる南極観測の担い手

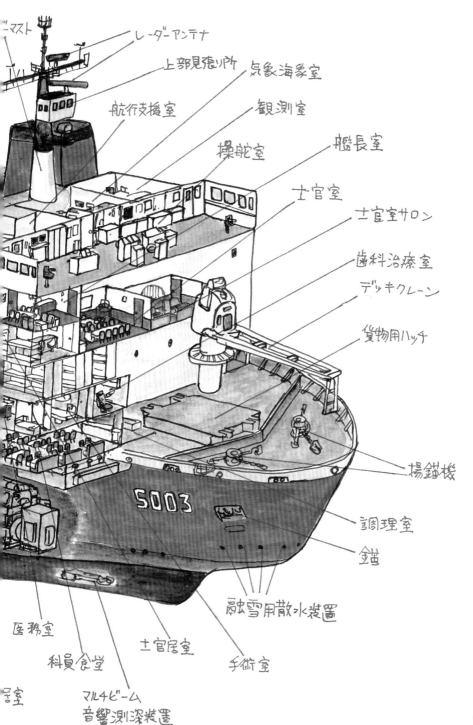

ニマスト

レーダーアンテナ

上部見張り所　　気象海象室

航行支援室　　　　観測室

ブリ　　　　　　　　　　　　　　艦長室

操舵室

士官室

士官室サロン

歯科治療室

デッキクレーン

貨物用ハッチ

揚錨機

S003

調理室

錨

融雪用散水装置

医務室

科員食堂

士官居室

手術室

室

マルチビーム
音響測深装置

困難な砕氷航海

1956年、当時海上保安庁所属だった砕氷船の宗谷（前著「船体解剖図」に掲載）から始まった日本の南極地域観測隊は、2代目の船からは海上自衛隊の砕氷艦を使用し、これまでふじ、初代しらせと続いて現在はこの2代目しらせによって南極に観測隊員を送り届けている。

しらせは毎年11月に日本を出港、一路南下しオーストラリアのフリーマントルで南極観測隊を乗船させて年末近くに南極大陸に近い東オングル島にある昭和基地に向かう。南極に近づく南緯55度前後の海域は西からの強風が絶えず吹く暴風圏で、砕氷艦としては大柄な艦体も木の葉のように揺れまくる魔の海である。

ちなみに先代の初代しらせはこの海域で最大傾斜角度が左舷で最大53度、右舷で最大41度を記録したとの事。これだけの角度で乗っていると体感的には船がほぼ横倒しになった状態との事だった。

この荒れ狂う海を過ぎて南氷洋に入るとそれまで揺れが嘘のように静かな海域になり、南極大陸が近づいてくる。そこでは一面に敷き詰められた海氷を砕きながら進んでいくのだが、1.5メートルほどの氷であればこの船の分厚い特殊鋼の艦体と強大な推進力でそのまま進む。それ以上は一旦200～300mほど後退させ、最大馬力で突進し、氷に体当たりするとともに乗り上げて船の重さを使って氷を砕く「ラミング（チャージング）」と呼ばれる方法で進んでゆく。そういった氷海航海時には艦首に設けられた海水を噴出して氷を解かして船体と氷との摩擦を少なくする融雪用散水装置も活躍する。

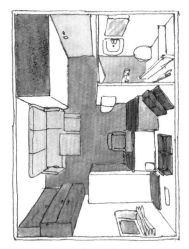

［来賓室］
自衛隊の艦だけに簡素な造りで決して広くない。それでも一人部屋で角窓とシャワーが付いているだけでも豪華設備なのだろう。

こうして昭和基地にたどり着き、任務を終えたしらせは往路と同じような航路を辿って4月上旬には5か月間の航海を終えて日本に戻り、ドック入りなどを行って次の南極行きに備えることとなる。

目立つオレンジの艦体

海上自衛隊の横須賀基地に停泊しているしらせの鮮やかな橙色の艦体は遠くからもよく目立つ。

艦体の中央部には3万馬力を発生させるディーゼルエンジンを使った発電機が4基据えられている。そして、艦尾にはやはり4台の推進用電動機が据えられ、先代しらせと同様の電気推進艦となっている。

但しこの船、海上自衛隊が運航しているが、報道等で「南極観測船」と呼ばれているように観測隊の輸送や南極海域の海洋調査が主な任務であるため固定された本

格的な武装は無く、護衛艦などとは一線を画した一般船舶に近い船になっている。

艦内に案内されるとまず壁に設けられた扉を開けて人が4人も入ればいっぱいになるような小部屋に通された。なんだろうこの部屋は? と思っていると部屋は上方に移動する気配……つまり海上自衛隊の艦船で唯一と言われるエレベーターなのである。陸上のビルや客船、フェリーのそれとのあまりに違う簡素な造りに動くまで気が付かなかった。

まずは最上デッキの「艦橋」と呼ばれる操舵室に向かう。28メートルという商船でいえば3万トンから5万トンクラスの横幅を持っているため、とても広く、細長い。壁に掛けられた儀式用のラッパがこの船が自衛隊の艦船であることを物語っていた。

気になる数か月に及ぶ艦内での生活環境だが、居住施設は6層にわたって設けられているため士官用食堂、観測隊員用食堂、乗組員食堂と3つの食堂を持ち、手術室や理容室(隊員がカットするので腕前は?)といった設備も備えていて迷子になるぐらい広い。ただし175人の乗組員は大半

が10人以上の二段ベッドの大部屋住まいで、士官クラスでも二人部屋、艦長ほか数人のみが個室といういかにも海上自衛隊の艦らしさは変わらず、一般の観測隊員も二人部屋で個室は与えられていなかった。

上甲板後部には広いヘリコプターの格納庫があった。南極までの航海中は大型のヘリが2機と観測用小型ヘリが1機搭載できるとの事、この格納庫の前方はヘリの乗務員と整備員のための待機室、上方にはヘリの艦上の離発着をコントロールする管制室が、艦尾にかけての後方は広いヘリ発着甲板になっている。

このほかにも艦底には水深を測る音響測深器が備わっていたり、CTDの備わった観測室があったりなどと海洋観測艦としての機能も持つマルチに活躍する船となっている。

これまでの砕氷艦は東京港の宗谷だけではなく、名古屋港では海上自衛隊初の砕氷艦であるふじが、千葉県の船橋港では先代のしらせが保存、公開されているのでこのような砕氷艦に興味を持たれた方は見に行かれるといいと思う。

しらせ
(2代目)

5003

主要目

2005年 ユニバーサル造船(現・ジャパンマリンユナイテッド)舞鶴事業所建造

基準排水量12,650トン　全長138m　幅28m

最大速力19ノット

乗員約175名　観測隊員約80名

国立研究開発法人海洋研究開発機構

海洋地球研究船

みらい

原子力船の身体を受け継ぐ海洋調査船

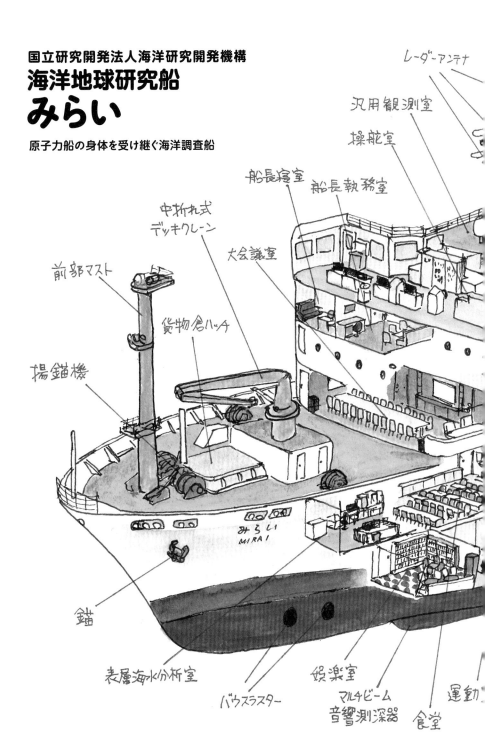

レーダーアンテナ

汎用観測室

操舵室

船長執務室

船長寝室

中折れ式
デッキクレーン

大会議室

前部マスト

貨物倉ハッチ

揚錨機

みらい
MIRAI

錨

表層海水分析室

バウスラスター

娯楽室

マルチビーム
音響測深器

食堂

運動

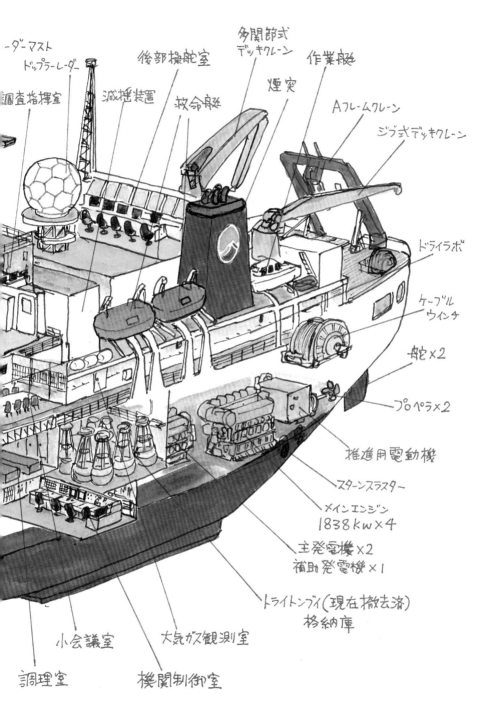

レーダーマスト
ドップラーレーダー
調査指揮室
減揺装置
後部操舵室
救命艇
多関節式デッキクレーン
煙突
作業艇
Aフレームクレーン
ジブ式デッキクレーン
ドライラボ
ケーブルウインチ
舵×2
プロペラ×2
推進用電動機
スターンスラスター
メインエンジン
1838kw×4
主発電機×2
補助発電機×1
トライトンブイ(現在撤去済)
格納庫
小会議室
大気ガス観測室
調理室
機関制御室

「むつ」の船体を三分割

　我が国の海洋観測及び研究のための文部科学省所管の研究機関である国立研究開発法人海洋研究開発機構（以下略称JAMSTEC）は大型の調査船から小型の深海調査船まで様々な船を運用し、世界中の海洋の調査を行っている。

　なかでもこの海洋調査船「みらい」は地球の内部を調べる掘削調査船の「ちきゅう」に次いで大きいサイズを持つ本格的な汎用調査船だ。

　元来、調査船というのは新造されるのが常であるが、この船は日本最初の原子力船のむつの船体部分を使って建造されたということで完成時に注目を浴びた。

　このむつに関しては後述するので割愛するが、単なる中古船の改造ではなく、新造船というわけでもないという彼女の存在は世界的にも珍しいのではないだろうか？

　その建造方法だが、むつの船体を母港である青森県関根浜港において浮沈する台船に載せて三分割に切断することから始まった。中央部分は原子炉とともに撤去され（その後、近くに建てられたむつ科学技術館に展示）残りはそのまま台船で移動し、まず前半部分はむつを建造した石川島播磨重工業東京第一工場に送られ外見上はオリジナルのかたちが残るように改造された。

　後半部分は三菱重工業下関造船所に送られ、ほぼ新造に近い状態で造り直され、ディーゼルエンジンや海洋調査に必要な機器が搭載された。そして1996年に石川島播磨重工業東京第一工場において船体は改めて接合され、翌年、まったく新たな海洋調査船みらいとして生まれ変わった。

　この前半部分と後半部分の接合場所は船体のほぼ中央、JAMSTECの青いマークが描かれた真下あたりで、船体の舷側が甲板と交わる部分の形状が前半部分だと上に向かって小さくカーブしているのに対して後半部は直角に交わった形状になっていて明らかに違うので確認しやすいと思う。

　また目を凝らすと船首の「みらい」船名の下に「むつ」という船名の痕跡が日本語、英語ともにかすかに読み取れる。

昭和のイメージの前半部分

　案内されて船内に入るとまず通された前半部分は船内も廊下や階段などいたるところにむつ時代のクラシックな内装が残されている。船長室や大会議室など、調度品は変われどスペースや構造自体はほぼ当時のままと言ってもいいかもしれない。

　操舵室はまったく新たに造られ当時の面影はなく現代の航行装置が搭載されている

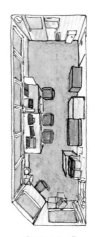

[後部操舵室]

後部作業デッキを見渡す場所にある。クレーン、ウインチなどを遠隔操作し、監視する部屋。観測作業時の船体のコントロールも可能。

が、それでももう二十数年が経過している
ので少し年季の入った感じがしつつある。

　船体下部は船首に二つあった貨物艙の
うち中央寄りのひとつが撤去され広い食堂
や休憩室、トレーニングジムといった乗組
員や研究者の施設が拡充されているほか、
船底に近い場所には表層海水分析室が設
けられている。

現代の調査設備の後半部分

　こんな古き良き時代の面影を残す前半部
から中央および後半部に移ると雰囲気は一
転する。

　まず、操舵室のある甲板の後部には巨
大なボール状の気象観測用のドップラーレ
ーダーや、様々な観測機器を投入するため
のクレーンやウインチ類を遠隔操作できる後
部操舵室がある。

　その階下には2層吹き抜けの広い倉庫が
あり、ここにはかつてエルニーニョ現象など
の観測のため赤道付近に設置していたトラ
イトンブイ（すでに撤去済で現在はm-トラ
イトンブイを2基設置）という係留ブイを格

納していた。さらに降りると左舷には各タイ
プの研究室が並び、中央はブイやピストン
コアラーと呼ばれる海底の地層を調べる装
置などを船尾にあるＡフレームクレーンに導
くレールが敷かれている。

　このほかにも船底には水深を調べるマル
チビーム音響測深器、右舷側には海水を
調べるCTD採水器、大気の温度、湿度、
気圧などを測定するラジオゾンデなど、あり
とあらゆる観測機器が備わっている。

　このように赤道付近の南太平洋から、改
造時に追加された耐氷構造（アイスクラス
1A）で北極海まで、長年にわたる海洋調
査で大活躍してきたが、現在JAMSTEC
では2026年の完成を目指してさらに観測
設備と性能の優れた、本格的な砕氷構造
（ポーラークラスPC4）を持つ北極域研究
船の計画が進められている。

　この船の完成によってみらいは退役が想
像されるが、日本の造船史に刻まれた貴重
な経歴を持つ船だけにどこかで保存され
ることを望みたい。

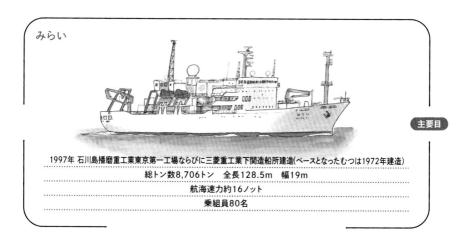

みらい

主要目

1997年 石川島播磨重工業東京第一工場ならびに三菱重工業下関造船所建造(ベースとなったむつは1972年建造)

総トン数8,706トン　全長128.5m　幅19m

航海速力約16ノット

乗組員80名

NEO

第4章

懐かしの
フネ

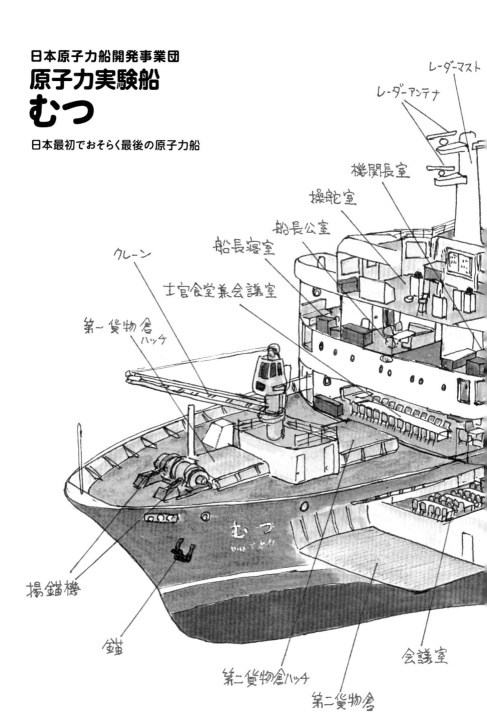

日本原子力船開発事業団
原子力実験船
むつ
日本最初でおそらく最後の原子力船

レーダーマスト

レーダーアンテナ

機関長室

操舵室

船長公室

船長寝室

士官食堂兼会議室

クレーン

第一貨物倉
ハッチ

揚錨機

錨

第二貨物倉ハッチ

第二貨物倉

会議室

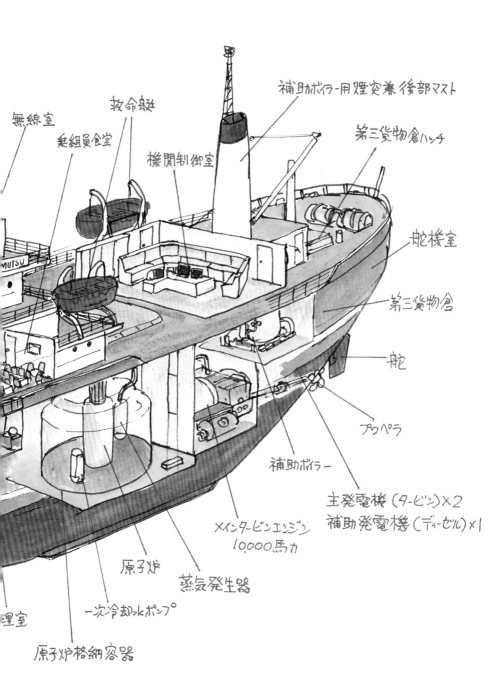

無線室

救命艇

乗組員食堂

機関制御室

補助ボイラー用煙突兼後部マスト

第三貨物倉ハッチ

舵機室

第三貨物倉

舵

プロペラ

補助ボイラー

主発電機（タービン）×2
補助発電機（ディーゼル）×1

メインタービンエンジン
10,000馬力

原子炉

蒸気発生器

一次冷却水ポンプ

理室

原子炉格納容器

原子力が万能のエネルギー
だった時代

　私が子供の頃なので半世紀以上昔、大人気だったロボットアニメの主人公にも搭載されていた原子力エンジンは夢の未来の動力機関で、来るべき21世紀には街を行く自動車はみな原子力で走るのではないかなどと、今から考えてみればとてつもない空想を楽しく抱いていた。

　そんな時代に未来を先取りする形で計画され、建造されたのがこの日本最初の原子力商船のむつである。

　ソ連の砕氷船レーニンやアメリカの貨客船サバンナ、西ドイツの鉱石運搬船オットーハーンといった世界での原子力船建造の流れを受けて、もともとは耐氷能力を持つ海洋調査船として使用可能な6000トンほどの原子力実験船として計画されたが、紆余曲折を経て8000トンクラスの特殊貨物船（特殊貨物の輸送及び乗組員の養成に利用できる船）として使用可能な原子力実験船として1969年に東京の豊洲にあった石川島播磨重工業東京第二工場で進水した。

　その後の完成前の試験航海中に原子炉から中性子（放射線）漏れが発生し、当時のマスコミが誤って「放射能漏れ」と報じたため母港の大湊港（計画当初の母港は横浜だった）のある青森県のむつ市が帰港に猛反対し、50日間の漂流状態となってしまった。

　そして、長崎県の佐世保にて原子炉の改修工事を経て、新たに彼女のために造られたむつ市の関根浜港に回航され、そこで数々の点検や試験を行い、原子力船として完成したのは1991年……進水から22

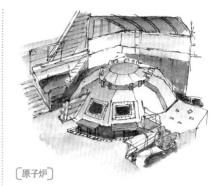

〔原子炉〕

正確に言うと、むつの原子炉室の格納容器。鉛ガラス越しに内部の使用済み原子炉本体や蒸気発生装置を見ることができる。

年という一般の船では耐用年数に近い長い年月が経過していた。

　完成後は約10か月間で4度の実験航海を行い、約8万2千キロを原子力で航海して様々な研究成果をあげた。

　そしてその時点で国が彼女に定めていた基本計画に基づき、関根浜港で約1年間、原子炉内の使用済み燃料を冷却したのち、船体を三分割して原子炉が取り外されて原子力船としての彼女の機能は終了した。

　しかし船体自体は再利用されることとなり、原子炉撤去後は分割した船体を別々の造船所に運び、もともと生まれるはずだった海洋地球研究船に改造され、再び接合されて見事に復活を果たした。

特殊な船体構造

　船体の構造を見てみると前部に2つ、後部に1つの貨物室を持つ貨物船としての機能を備えているが、中央の原子炉据え付けスペースを挟んで二つの上部構造物があり、その上部構造物の前半部分は操舵室を含む乗組員の居住区で、後半部分は原

子炉やエンジンのための機関制御室となっている。

後部貨物艙の前には補助ボイラー（原子炉を使用しない際の重油焚き）のための煙突が目立たないような形でマストと貨物用デリックポストを一体化した形で存在している。

これは本来煙突を必要としない原子力エンジン（核分裂で得られた熱で作られた蒸気でタービンを回し動力とするため排気は出ない）を持つ原子力船としてのアイデンティティを保つためにデザインされたものだったのだろう。

母港近くで展示公開

現在、彼女の母港だった青森県の関根浜港は日本原子力研究開発機構が所有管理し、このむつの後身である調査船みらいの母港として海洋研究開発機構（JAMSTEC）が基地として使用している。

そしてこの港のすぐ近くにはむつのデザインを模し、外壁をライトパープルで塗装されたむつ科学技術館というむつ関連の資料を集めて展示した施設があり一般公開されて

いる。

館内には関根浜港で撤去された原子炉そのものが船殻の一部とともに展示されている。また、実際に使われていた機器の配置された操舵室や機関制御室を再現した部屋や一般配置図など原子力船当時の資料が数多く展示されている。特に機関制御室は広いスペースに原子炉制御盤と機関制御盤の二つが備わり興味深い。

前ページの船体解剖図はここに展示されているこうした様々な展示資料を元に想像を交えて描かせてもらった

その他、JAMSTECの様々な活動を紹介しているコーナーもあり、そこに展示されているみらいの模型と、むつの模型をそれぞれ比較してご覧になると面白いと思う。

ちなみにこの関根浜港までのアクセスだがむつ市内からはかなり離れていて、近くまで行ける公共交通機関はないためタクシーを利用していくことになるが、歴史的遺産としても観覧する価値は十分にあると思うのでご興味を持たれた方はぜひ訪ねてみていただきたい。

むつ

主要目

1972年 石川島播磨重工業東京第二工場建造
1993年原子炉撤去
総トン数8,242トン　全長130.46m　幅19m
最大速力17.7ノット　乗組員80名　航続距離約26.8万キロ（計画）

日本高速フェリー
長距離フェリー
さんふらわあ11
太平洋に果敢に咲いた大輪の向日葵

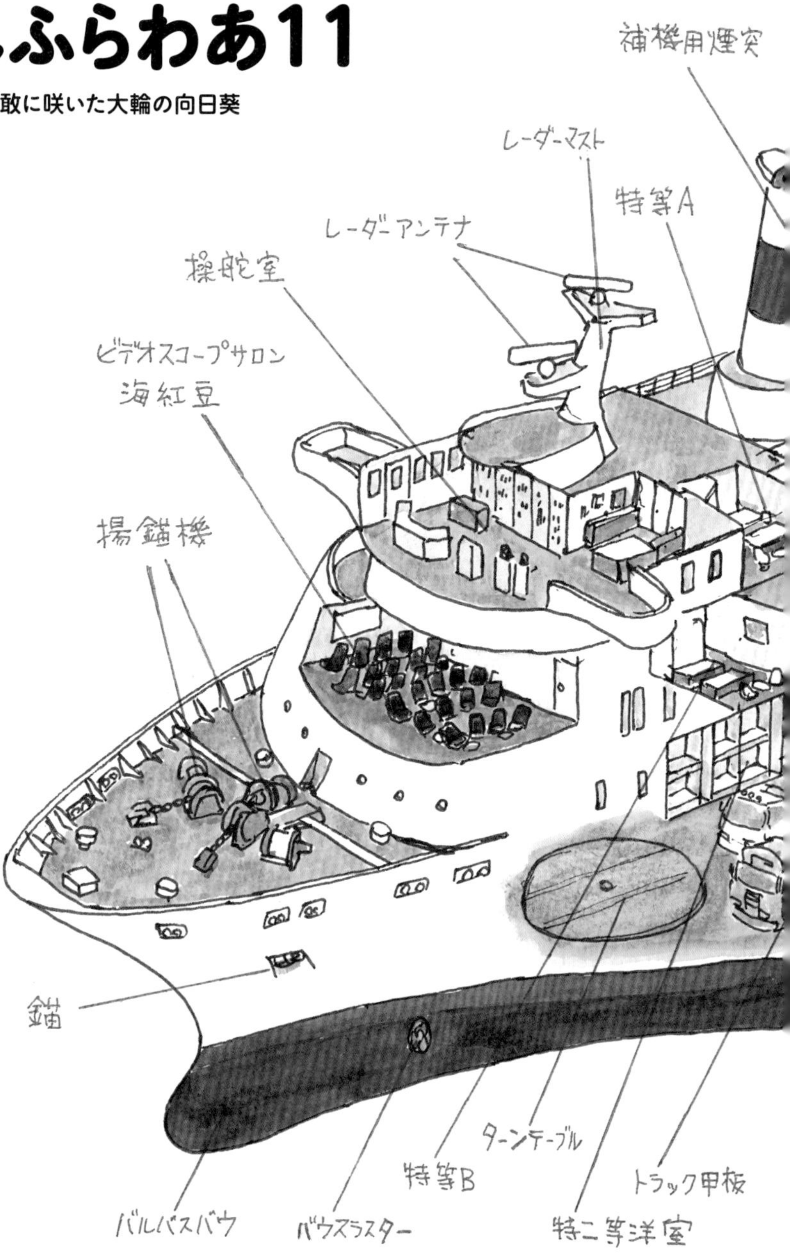

補機用煙突

レーダーマスト

レーダーアンテナ

特等A

操舵室

ビデオスコープサロン
海紅豆

揚錨機

錨

バルバスバウ

バウスラスター

特等B

ターンテーブル

特二等洋室

トラック甲板

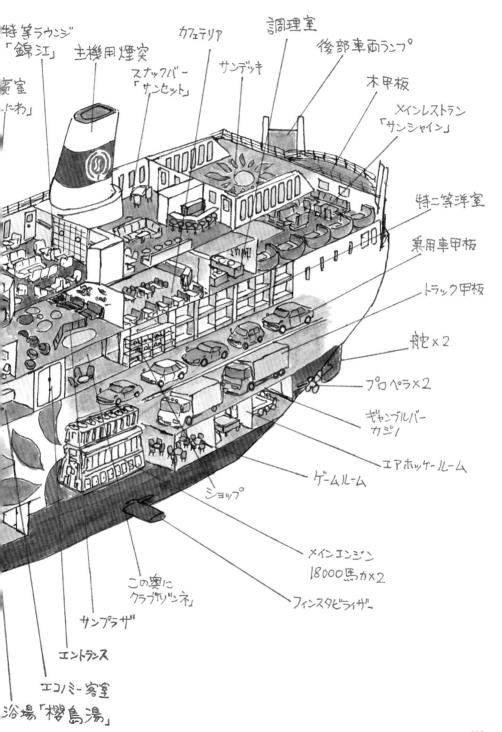

特等ラウンジ「錦江」

主機用煙突

貴室「…わ」

スナックバー「サンセット」

カフェテリア

サンデッキ

調理室

後部車両ランプ

木甲板

メインレストラン「サンシャイン」

特二等洋室

乗用車甲板

トラック甲板

舵×2

プロペラ×2

ギャンブルバー カジノ

エアホッケールーム

ゲームルーム

ショップ

メインエンジン 18000馬力×2

フィンスタビライザー

この奥にクラブ「ツンネ」

サンプラザ

エントランス

エコノミー客室

浴場「櫻島湯」

豪華フェリー中の豪華フェリー

　1974年、大阪と鹿児島を結ぶフェリー航路に途方もない船が登場した。

　彼女の名はさんふらわあ11。1972年から始まった照国郵船の子会社、日本高速フェリー株式会社の豪華フェリー、さんふらわあシリーズの第5船である。

　それまで1番船から4番船は基本的に同一設計で姉妹船と言っていいデザインをしていたのに対して、この船は全く容貌を異にしたデザインで当時相場が20億〜30億円と言われた長距離フェリーの世界に60億円という巨費をつぎ込んで登場し、日本中の船マニア、船舶業界を驚かせた。

　それまでのフェリーではどこも採用したことの無かった直列の二本煙突、優雅に半円形を描いた操舵室まわり、クリッパーバウと呼ばれる鋭角の船首に収納型アンカー、船体サイドにはオープンデッキは見当たらず、縦長の大きな窓がずらりと並ぶという当時の欧米の外航客船にそっくりな外観はとてつもなくスマートで、当時高校生だった私にとって最も憧れのフェリーだった。

旅客最重視の船体構造

　車両甲板は船の上下の重量バランスを取るため、上段を乗用車甲板、下段をトラック甲板とし、外観を重視するため、船首には車両用のランプウェイは存在せず、船尾のランプから入った車両は車両甲板の一番奥、つまり船首近くにあるターンテーブルで向きを変えるという効率の悪い車両積載方法を取っていた。

　一方旅客スペースは上層デッキ3層と車両甲板下の喫水線に近い下層デッキの4層

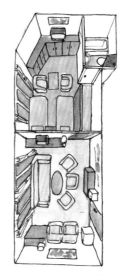

[貴賓室「なにわ」]

もうひとつの貴賓室の「さつま」の寝室は和室で定員4名だが、就航当時はオーナーズルームとして一般販売はされていなかった。

にわたってあてがわれており、そのうち2層は船の全長のほぼ大部分が使われている。

　まず操舵室下のAデッキ（7階）は前方にバストイレ付2名定員の特等室Aが両舷に8室ずつ並び、その後ろには左舷は「なにわ」（2名定員）と右舷は「さつま」（4名定員）と呼ばれる広い貴賓室が設けられている。そして中央は特等と貴賓室専用のラウンジ「錦江」、その後方にはバーラウンジ「サンセット」があり船尾には風防ガラスに囲まれた広いサンデッキが用意されていた。

　Bデッキに降りると船首近くにビデオスコープ室「海紅豆」と呼ばれていた映写室があり、その後方外側には4人部屋でバストイレ付きの特等Bと内側には二等和室、中央にはサンプラザと呼ばれる一般旅客向けの船腹いっぱいにスペースを取ったパブリックスペースがあった。

後半部はカフェテリア「サンシャイン」、和食堂「ひまわり」、ダンスフロアもあるメインレストラン「さんふらわあ」と飲食関係が集中して配置され、かなり公室関係の設備が充実していたことがわかる。

Cデッキは特二等という2段ベッドの部屋とカーペット敷きの二等和室であるエコノミー室、それに「ゾンネ」と呼ばれる会員制クラブ風の公室があった。

喫水線近くの下層デッキにはエンジンルームを隔てて前方に大浴場（窓無し）があり、後方には麻雀卓やゲームマシン、エアホッケー、ルーレットなどの各種ゲーム施設がずらりと並んでいた。しかしどちらにも上層階と連絡するエレベーターは無く、Aデッキからだと6階分の階段を昇り降りしなければならなかったので利用客はあまり多くなかったのではないかと想像される。

このように当時考えられた乗客のためのありとあらゆる施設（なぜか流行っていたプールだけは無かった）を詰め込んだ超豪華フェリーで、今から考えると過剰なのではと思うが、当時の時刻表を調べてみると大阪南港出港が18時50分で鹿児島到着が翌14時ちょうど、復路もそれに近い時間帯で19時間強の航海時間となり、乗客は十分に楽しめたのではないかと思う。

ところが、予想していたほど客足は伸びず、後年はさんふらわあ さつまと名前を改め、1993年にさんふらわあ姉妹としては一番早くに引退してしまった。

哀れな末路

その後はフィリピンに売却され、マニラ～セブ航路に就航したが、1998年、台風による強風の影響で荷崩れを起こし、死者行方不明者267人の大惨事となってマニラ湾に沈んでいってしまった。

最初にも書いたように彼女の唯一無二の美しい姿と伝え聞く船内設備の素晴らしさは私の憧れであったが、19年間も就航していたにもかかわらず、乗船はおろか、その姿をこの目で一度も見ることが出来なかったのは残念でならない。

さんふらわあ11

主要目

1974年 来島どっく（現・新来島どっく）大西工場建造
総トン数13,598トン 全長195.8m 幅24m
最高速力26.87ノット 旅客定員1,218名
大阪～（志布志）～鹿児島航路に就航

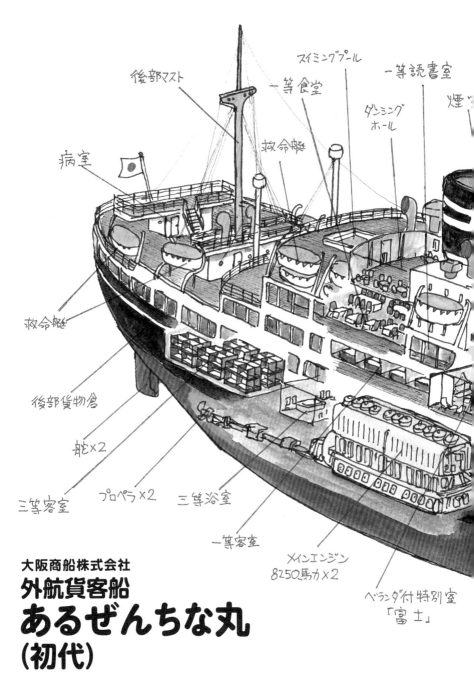

大阪商船株式会社
外航貨客船
あるぜんちな丸
（初代）

日本最高の造船技師が生んだ薄幸の美女

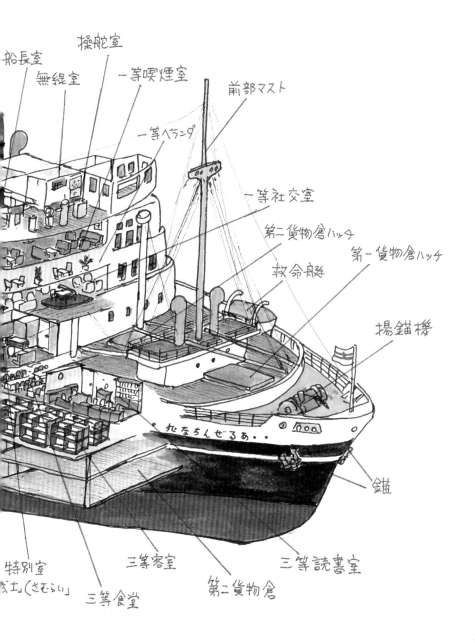

船長室

操舵室

無線室

一等喫煙室

一等ベランダ

前部マスト

一等社交室

第二貨物倉ハッチ

第一貨物倉ハッチ

救命艇

揚錨機

錨

特別室
「武士」(さむらい)

三等客室

三等食堂

第二貨物倉

三等読書室

あるぜんちん丸

大阪商船の南米航路

　私が船というものに興味を抱くようになったのは中学生の頃、高校生になるとそれはどんどんエスカレートしてゆき、高校3年生のときにはアルバイトをして稼いだお金で、主に瀬戸内海航路を中心に客船やフェリーに乗って旅をしていた。

　そのうちにどうしても外国航路の客船に乗ってみたいという気持ちが嵩じ、夏休みに思い切って乗船したのが当時発足したばかりの商船三井客船が初めてのクルーズ客船として就航させた初代のにっぽん丸だった。……と言っても貧乏高校生の身の上、海外旅行など出来るはずもなく、乗ったのは同船の日本一周クルーズの神戸〜東京間の一泊二日の区間乗船で部屋も最低価格の客室だった。

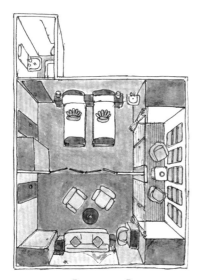

[特別室「富士」]

　この船はもともと大阪商船の外航貨客船を改造してにわか仕立てのクルーズ客船に仕上げたもので、窓もトイレも無いかつての貨物艙にしつらえた4人相部屋で今から考えると受けられたサービスも簡素なものであったが、それまでフェリーの二等和室の雑魚寝しか知らない少年にとって、二段ベッドや船内で行われる催し物、フルコースのディナーはいかにも外国への船旅を感じさせる夢の航海だったことを記憶している。

　この初代にっぽん丸、元の名前は二代目のあるぜんちな丸と言い、アメリカに旅する観光客と大陸に夢を抱いて移住してゆく人たちの交通手段として日本〜ハワイ〜北米〜パナマ運河〜南米航路で活躍していた。

我が国有数の豪華船

　そしてその原型となったのがこの項で述べる戦前に建造された美しき貨客船、初代のあるぜんちな丸である。

　大阪商船は1908年の笠戸丸に端を発する南米航路に数々の貨客船を送り込んできたが、戦争の足音が近づいてきた1939年、時の日本政府の優秀船舶建造助成施設に基づき同型姉妹船のぶらじる丸（船名の「じ」は「志」に濁点）とともに彼女は建造され、同社のフラッグシップとして東南アジア〜南アフリカ〜南米〜パナマ運河〜北米西海岸の西回りの世界一周航路（南米航路）に就航した。

　建造に当たっては当時日本最高の造船技師と言われた和辻春樹氏の指揮の元、流線型を駆使した優美な船体デザインと国内の有名なインテリアデザイナーを集結させて贅を極めた一等乗客用のインテリアはそれまでの日本の外航客船の水準を遥かに

超えるものとなった。

　他にも長い航海を飽きさせないようにダンスパーティやビンゴゲーム、映画上映会など現代のクルーズ客船で行っているイベントはもちろんのこと、デッキにコンロや卓袱台を用意してのすき焼きパーティ、運動会、相撲大会、演芸会、プールでの魚釣り大会など日本船らしい余興が数多く行われた（ただし、ほとんどが一等乗客向け）。

転属、そして空母へ

　しかしそんなのどかな時代はほんの短いものだった。就航した僅か1年後、4度目の世界一周を終えると世界情勢の悪化により姉妹船のぶらじる丸とともに大阪〜門司〜大連航路に転属されることになってしまう。当時大連航路は大阪商船の花形航路だったとはいえ、7000トンクラスが最大だった同航路に突然倍近いサイズの船が現れて寄港地の関係者はさぞ驚いたことだろう。

　その後、日本は第二次世界大戦に突入、1942年に海軍省に徴用され当初は輸送船として就役したが、翌年ついには特設空母の海鷹に改造されその優美な姿は跡形もなく失われてしまった。

　そして1945年7月、終戦を目の前にして豊予海峡で米軍の機雷に触れ、なんとか別府湾まで逃れたもののそこで擱座、その後の空襲で大破し、戦後に客船に戻ることなく解体され僅か6年の生涯を閉じた。

　時は流れ、13年後の1958年にその名はこの項の最初に書いた二代目あるぜんちな丸として一回り小柄で質素な内装ながらも初代をモチーフにしたと思われる船体デザインを持ち、当時移住者で利用客の多かった南米航路で復活した。

　なぜか採用された蒸気タービンエンジンは燃費の悪さで船会社的には厄介者であったものの（準姉妹船のぶらじる丸はディーゼル）、振動の少なさは乗客には好評だったが、最初に書いたクルーズ客船に改造後はわずか4年で引退してしまう。

　伝説の偉大な名客船を受け継いだこの「あるぜんちな丸」という船名、いつかなんらかの形で復活してほしいと思う。

あるぜんちな丸
（初代）

主要目

1939年 三菱重工業長崎造船所建造

総トン数12,755トン　全長167.3m　幅21m

最高速力21.5ノット

旅客定員1等101名　特別3等130名　3等670名

昭和海運株式会社
クルーズ客船
おせあにっく ぐれいす

時代を先取りしすぎた高級クルーザー

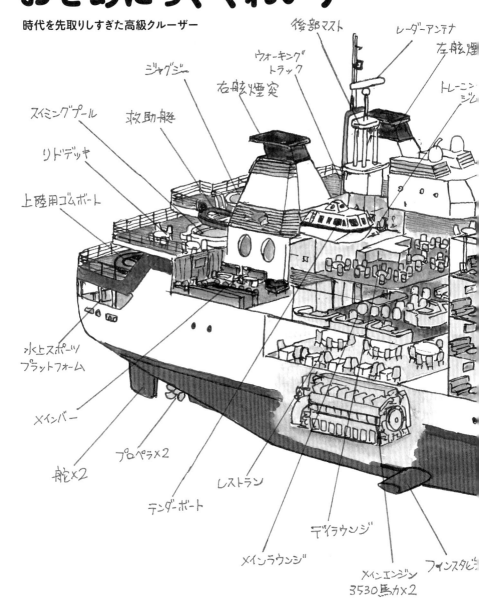

後部マスト

レーダーアンテナ

左舷煙突

ウォーキング
トラック

ジャグジー

右舷煙突

トレーニング
ジム

スイミングプール

救助艇

リドデッキ

上陸用ゴムボート

水上スポーツ
プラットフォーム

メインバー

プロペラ×2

舵×2

テンダーボート

レストラン

デイラウンジ

メインラウンジ

メインエンジン
3530馬力×2

フィンスタビ

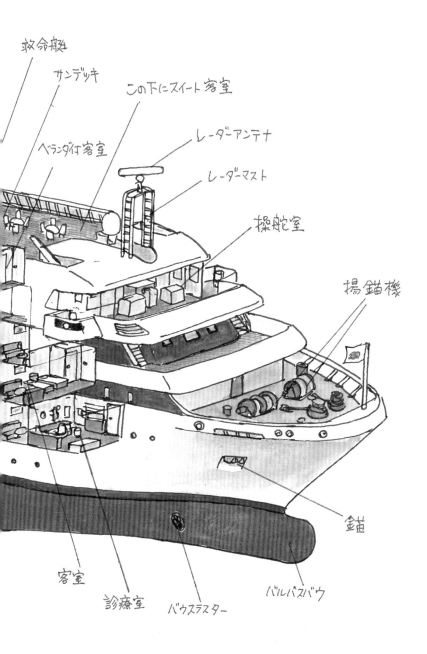

救命艇

サンデッキ

この下にスイート客室

レーダーアンテナ

ベランダ付客室

レーダーマスト

操舵室

揚錨機

錨

客室

診療室

バウスラスター

バルバスバウ

高級メガヨットを意識

　地中海の高級リゾート地のマリーナの一等地に係留されているような超大型の個人所有のクルーザーは一般にはメガヨットと呼ばれ、世界の大富豪たちがこぞって所有し、長さ100メートル前後は当たり前で中には長さで200メートル近い船もざらにあるとか……。

　そんな超高級メガヨットを一般の人間が個人で持つことは無理としても、せめて雰囲気だけでも味合わせてくれるような小型の高級クルーズ客船があったらどうか……ということで1984年に英国の老舗客船会社キューナードライン傘下の子会社が4000トンほどの小型客船を就航させた。

　100mほどの長さと4mほどの喫水で大型のクルーズ客船がとても入れないような小さな港に入港したり、細い水路を通ったり、小さな入り江にも停泊できるという利点、そして100人ほどの乗客に対する手厚くきめ細やかなサービスで人気を博した。

　当然、他の船会社もそんな新しいタイプの客船に食指を延ばし、我が国では昭和海運（現在は日本郵船と合併）がいち早く建造に踏み切り、バブル最中の1989年に華々しくデビューしたのがこの「おせあにっくぐれいす」だ。

選ばれた乗客へのおもてなし

　たった120名の乗客定員で一部屋のスイートと8室のベランダ付き客室、51室のアウトサイド客室を持ち、それらがすべて夜間のエンジン類の振動から遠ざけるために前半部分の4つのデッキに集中して配置されていた。

　公室は中央のエレベーターホールを挟ん

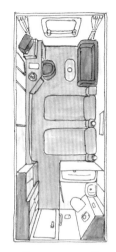

[スタンダード客室]

ユニットバスも備えた客室で、当時まだ一般的ではなかったカードキーを採用。ベランダ付きの客室も室内の広さや設備はほとんど変わらない。

で後半部分に集中して設けられ最上階の6デッキにはサウナとトレーニングジム、5デッキは朝昼食も食べられるデイラウンジ、4デッキは広いメインラウンジと後方に落ち着いた雰囲気のメインバー、そして乗客用最下層の3デッキにはディナーのためのメインレストランと立体的に置かれていた。

　またアメリカの同時多発テロ事件の前で平和な時代だったのか、乗客は24時間自由に操舵室に出入りできたというのも面白い。

　外にまわると乗客用のデッキはすべて高級チーク材の木甲板となっており、サンデッキにはウォーキングトラックが設けられていた。

　後部のデッキにはスイミングプールとジャグジーもあり、最下層デッキの後端はボードセーリングや水上スキーなどの水上スポーツが無料で楽しめるプラットフォームがあった。

　水上スポーツは特にスキューバダイビング関連の施設が充実しており、専門のダイ

ビングインストラクターによるプールでの講習の後、4隻積まれていたゴムボートやダイビングボートとしての機能を兼ね備えたテンダーボートでダイビングスポットに向かうという徹底ぶりであったが、高齢者が多いこうした高級クルーズ客船の乗客で果たしてどのくらい需要があったかはいささか疑問である。

就航当時のクルーズは7泊8日が基本でスタンダードの客室の料金は約42万円、アルコール類はフリードリンクとなるオールインクルーシブの設定で現代の基準では決して高過ぎはしないのだが、ほぼ同時期に登場したふじ丸の同時期の6泊7日のクルーズが約25万円からなので、やはりかなり富裕層を狙った価格設定と言っていいだろう。

薄命で終った日本市場

このような状況から客足は決して伸びず、後年の海の荒れる冬場は東京や横浜、神戸といった主要港から気軽に乗れるデイクルーズやワンナイトクルーズを行い、遠くベトナム迄足を延ばす13泊14日というロングクルーズも行っていたようだが、1997年の夏に日本から撤退、わずか8年の就航期間だった。

その後は英国のクルーズ会社に売られバリ島基点のクルーズに就航したが1年で撤退ししばらくはアメリカのクリッパークルーズ社のもとで「クリッパー オデッセイ」と名乗り、生まれ故郷の我が国にもしばしば来航して日本各地（特に西日本）をくまなく回り、2006年には日本のクルーズ会社に全船チャーターされたこともあった。

執筆時現在ではフランスのクロワジー・ヨーロッパ社の運航で「ラ・ベル・デ・オーシャン」と名乗り主に地中海海域をクルーズしている。

「おせあにっく ぐれいす」としての新造時の彼女のコンセプトはあまりに日本市場での時代を先取りしすぎていたのかもしれない。

現在であれば夏場は波静かな日本海沿岸を、冬場は温暖な瀬戸内海を中心にクルーズして日本流の心暖かいおもてなしをすれば、インバウンドを中心に人気を得られたような気がしてならないのは私だけだろうか。

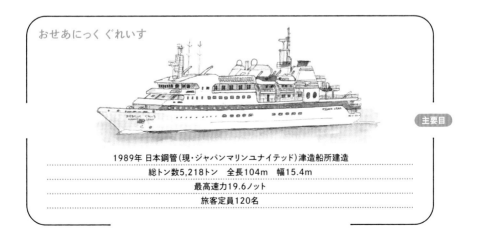

おせあにっく ぐれいす

主要目

1989年 日本鋼管（現・ジャパンマリンユナイテッド）津造船所建造

総トン数5,218トン　全長104m　幅15.4m

最高速力19.6ノット

旅客定員120名

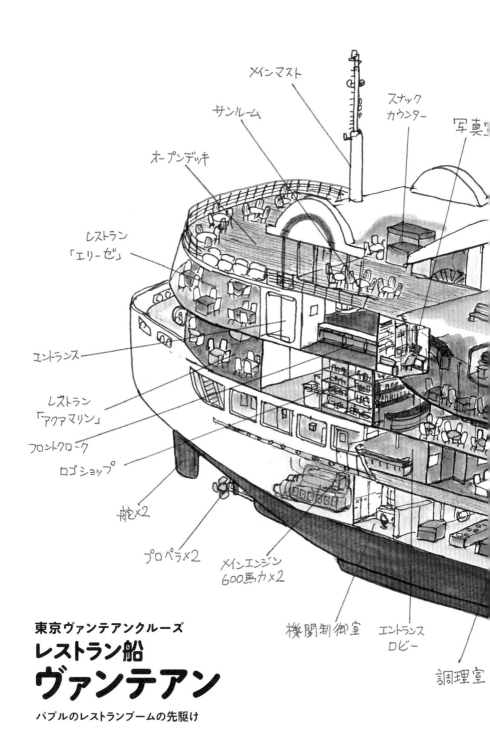

メインマスト

サンルーム

スナック
カウンター

写真室

オープンデッキ

レストラン
「エリーゼ」

エントランス

レストラン
「アクアマリン」

フロントクローク

ロゴショップ

舵×2

プロペラ×2

メインエンジン
600馬力×2

機関制御室

エントランス
ロビー

調理室

東京ヴァンテアンクルーズ

レストラン船
ヴァンテアン

バブルのレストランブームの先駆け

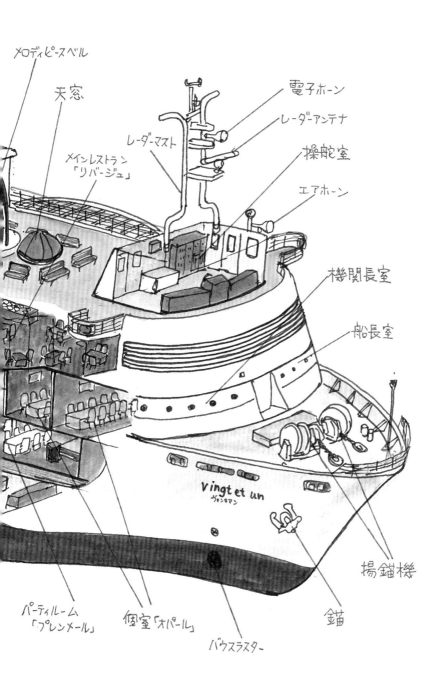

メロディピースベル

天窓

メインレストラン
「リバージュ」

レーダーマスト

電子ホーン

レーダーアンテナ

操舵室

エアホーン

機関長室

船長室

vingt et un
ヴァンテアン

揚錨機

錨

パーティルーム
「プレンメール」

個室「オパール」

バウスラスター

139

離島航路会社の期待の観光船

1889年（明治22年）、東京湾汽船として創立して以来、本土と伊豆諸島を結ぶ定期航路の運航会社として運航し続けている東京の東海汽船株式会社（以下、東海汽船と略称）は創立100周年にあたる1989年（平成元年）の記念事業としてこれまで所有したことの無い観光船事業を始めるべく検討していた。

現在でも人気を博している定期航路の合間を使ったお馴染みの東京湾納涼船はあってもそれまでは本格的な観光専用船というのは存在したことがなく、当時はバブル景気で東京港での発着拠点としている竹芝ふ頭周辺がウォーターフロント再開発地区ということで脚光を浴びてきていたのもあって、本格的なレストラン船の建造に踏み切った。これがこの項で述べるヴァンテアンである。

ちなみにヴァンテアンとはフランス語で21……つまりは21世紀を見据えた船ということで東海汽船グループのこの船に対する期待が込められている船名だったことが窺える。

建造は当時から国内航路の名客船を数々生み出していった三菱重工業の下関造船所で、彼女の建造当時を写した写真には豪華な内装を誇った太平洋フェリーのきたかみが背後に写っている。

瀬戸内海航路の定期客船を改造したロイヤルウイングは比べるまでもなく、同時期に完成したシンフォニー（現シンフォニークラシカ）やシルフィード（現コンチェルト）、レディクリスタルといった他のレストラン船と比べてもレストラン部分の窓面積は非常に大きく眺望が良いように取られていた。特にBデッキの側面は円筒形の一部を切り取っ

たような曲面総ガラスでできていたため、進水式は衝撃による破損を防ぐ意味でも慎重を期して一般的にイメージされる滑走進水方式を取らず、ドックに注水する形で彼女は浮かびあがった。さらに下関から東京までの回航もすべての大型窓を保護材でふさぎ、波静かな瀬戸内海を経由するなど気を遣いながらの航海だった。

そして1989年11月、東海汽船は東京ヴァンテアンクルーズという新会社を設立し、そこがチャーター（後年、同社に売船）というかたちでいよいよ彼女の航海が始まった。

メロディピースベルの調べ

彼女の船内は全幅を使った広く眺望のいい2つのフレンチレストラン、船尾には3つの小ぶりの貸切レストラン、5つの個室、そしてパーティ会場（完成当初は多目的ホール）と充実した設備を持ち、最上階のオープンデッキ後部にはチーク材が貼られ高級感を打ち出していた。

その最上階の中央のサンデッキには4本のアーチ形の支柱に船名にちなんで21個の真鍮製のベルが取り付けられたメロディピースベルが設けられ、彼女のアクセントになっていた。

晩年は2代目さるびあ丸やかめりあ丸などで長いキャリアを持つ船マニアの船長も乗務されていたことがあり、彼の操船の際には晴海ふ頭に珍しい船や海外のクルーズ客船が停泊しているとすぐ近くまで寄ってくれるサービス精神を発揮、我々船マニアを楽しませてくれることもあった。

突然の引退

しかし2020年の初頭から世界中を襲っ

た新型コロナウイルスは我が国も例外なく猛威を振るい、彼女の運航に深刻なダメージを与え、政府の緊急事態宣言発令により竹芝ふ頭にしばらく係留状態が続いてしまった。折から東海汽船は創立130周年を迎え、その際に新造された3代目さるびあ丸の就航に伴う、次ページで紹介する2代目さるびあ丸の引退も、彼女の運航が再開されたら乗って見送れたらいいななどと呑気に考えたこともあった。

ところが同年5月30日、突如として東京ヴァンテアンクルーズの事業撤退が発表され、彼女の退役が決定してしまう。

急な決定のため、彼女はその後もしばらく竹芝ふ頭に泊め置かれた。引退する2代目さるびあ丸が汽笛長音三声を鳴らした際はUW旗を掲げて重厚なダブルエアホーンの長声三発で応答、さるびあ丸もさらにそれに長声三発で応えた。平成から令和と同じ時代を生き抜いてきた2隻の僚船の別れは運良くその場で立ち会うことのできた私の胸にずっと刻まれるものとなった。

その後、半年近くにわたる竹芝係留ののち、淋しく東京を離れ、まずは北九州の若松港に向かった。その時私はたまたまある船の取材で博多港に赴く予定があり、戸畑で途中下車して岸壁に停泊する彼女を訪ね、別れを惜しんでくることができた。

やがてそこから那覇経由で日本を離れ、シンガポールからインド洋を越えてイランのペルシャ湾沿岸に到着、現在は同国のリゾート地キーシュ島の観光船として活躍している様子とのこと。今後も末永い第二の船生を安全航海で過ごしてくれることを祈りたい。

ヴァンテアン

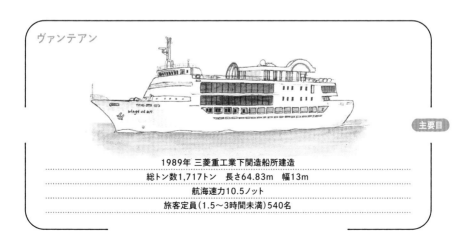

主要目

1989年 三菱重工業下関造船所建造
総トン数1,717トン　長さ64.83m　幅13m
航海速力10.5ノット
旅客定員(1.5〜3時間未満)540名

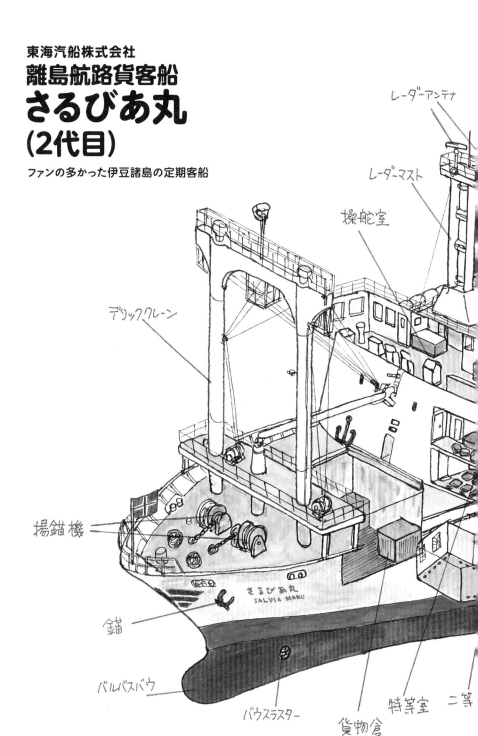

東海汽船株式会社
離島航路貨客船
さるびあ丸
（2代目）

ファンの多かった伊豆諸島の定期客船

レーダーアンテナ

レーダーマスト

操舵室

デリッククレーン

揚錨機

錨

バルバスバウ

バウスラスター

貨物倉

特等室

二等

142

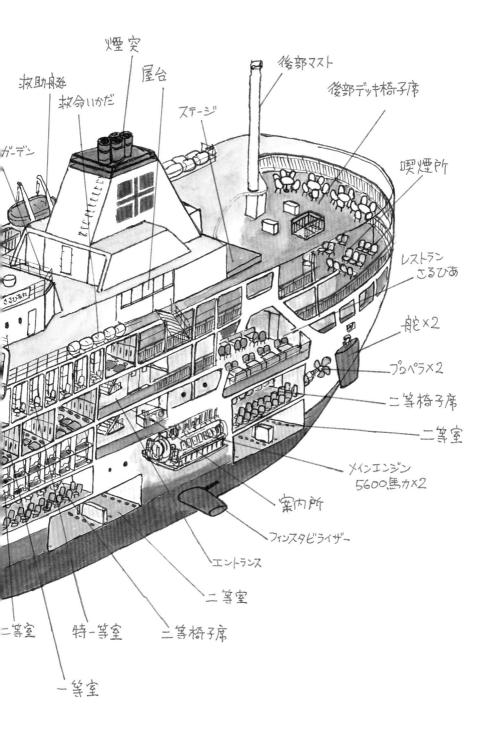

救助艇
救命いかだ
ガーデン
煙突
屋台
ステージ
後部マスト
後部デッキ椅子席
喫煙所
レストラン
さるびあ
舵×2
プロペラ×2
二等椅子席
二等室
メインエンジン
5600馬力×2
案内所
フィンスタビライザー
エントランス
二等室
二等室
特一等室
二等椅子席
一等室

143

船の墓場へ?

　インド洋の東側、ベンガル湾の最奥地、インドとミャンマーに挟まれたバングラデシュという国名を聞いて何を思い浮かべるだろうか?

　この国の方には大変申し訳ないと思うのだが、私の様な船好きにはどうしても同国第二の都市チッタゴンの近郊の海岸にある船の解体場を思い浮かべてしまう。

　そこは干満の差の激しい海岸で、大潮の満潮の時を狙って、解体される船は沖合から最後の力を振り絞って最高速で浜辺に乗り上げる。そして潮がすっかりひいて船底までむき出しになると現地の解体工の人たちが解体工具を手に干上がった砂浜を歩いて船に向かい、手作業で船を切り崩してゆく。

　そんな海岸の解体場は世界でも有名な「船の墓場」と呼ばれている。

　ここで取り上げる2代目のさるびあ丸は就航から30年近くが経過し、3代目さるびあ丸（既刊「船体解剖図」参照）の建造計画が発表されて以降、果たしてどこに売られていくのか様々な推測がされていた。日本船の場合は古くても品質が良いのでおそらくフィリピンやインドネシアといった東南アジアの島国で使われるのではないかと船好きの方々は私も含めてそう考えていた。

　ところが彼女が最後に向かった地は最初に書いたバングラデシュのチッタゴン!

　初代のさるびあ丸も解体されたこの地名を聞いた時点で船の墓場を知るすべての人は乗り上げた砂浜で船首から削り取られていく彼女の無惨な姿を想像したに違いない。

　日本からチッタゴンに到着し、成り行きを注視していると、信じられないことにどうやら彼女は解体ではなく観光船に改造され使わ

れるべく現地に到着したことがわかってきた。

　日本を遠く離れたとはいえ、そのまま生きながらえるのと解体されるのとでは船マニアや関係者の気持ちとしては大違い……一件落着ということで現在もコモロ連合籍客船BAY ONEとしてバングラデシュで元気にしている模様だ。

伊豆諸島の航路へ

　彼女は東海汽船最後の純客船、初代さるびあ丸の後を継いで1992年に建造された。先代と違い貨物を1200トンほど積載できる貨客船にはなったものの、約1.7倍とサイズアップされ、特等船室は同社で初めてベランダ付き客室が採用されるなど旅客設備も大幅なグレードアップが図られた。

　完成当初は東京〜利島〜新島〜式根島〜神津島（繁忙期を除く週末には横浜にも寄港）が主な就航航路だったがその後、すとれちあ丸の引退により東京〜三宅島〜御蔵島〜八丈島航路が主となり、僚船であったかめりあ丸の引退による代替の橘丸（3代目）の就航とともに再びもとの航路に戻り、伊豆諸島の島民たちの間で28年ものあいだ親しまれた。

夏の夜七時の大変身

　船内のパブリックスペースとしてはCデッキ後方のレストランだけだったが、Aデッキ後方の日よけ屋根で覆われた露天甲板がやたらと広く、前方の広いステージを利用して各種イベントが航海中や特別のクルーズの際にも行われた。とくに昭和25年から同社が毎年夏に行っている「東京湾納涼船」の舞台ともなったため、公募で選ばれた「浴衣ダンサーズ」が活躍して大いに盛り上が

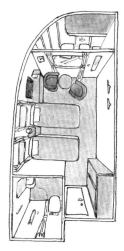

［特等室］

たった4部屋だけの最上級客室。喫煙可能だったベ
ランダは現在のさるびあ丸の特等室には用意されて
いない。

り、低価格で飲み放題なのに加えて平日は
浴衣姿だとさらに割引されたため連日大勢
の浴衣姿の若者たちで賑わった。

　私も10年以上前までは何度かこの納涼
船に乗ったことがあったが、離島から帰って
きた地味な貨客船が僅か1時間ほどの間に

ネオンやフラッシュライト煌めくお祭り会場と
大化けし、よくぞまあまたその1時間半ほど
後にしれっと元に戻って島に向けて出発でき
るものだといつも感心していた。

　ちなみに現在でも3代目さるびあ丸による
「東京湾納涼船」は実施されているが、ダン
ススペースは狭いため「浴衣ダンサーズ」
のステージは行われていない。

　この東京湾納涼船の他にも今と違って乗
客の少なかった横浜〜東京間の航路は週
末に横浜に行くたびに幾度となく乗船し、伊
豆諸島にもたびたび通って私にとって最もな
じみ深い東海汽船の船だった。

　3代目さるびあ丸とのダブル出港となった
最後の航海も、東京港からの最後の旅立
ちもチャーターしたボートの上から見送り、日
本を離れる最後の日は最終寄港地の横浜
から観音崎まで車で追いかけ、太平洋のか
なたに去ってゆく彼女の姿を見送ることが出
来たのは忘れられない思い出となっている。

　彼女のバングラデシュでの末永い幸せな
航海を切に祈りたい。

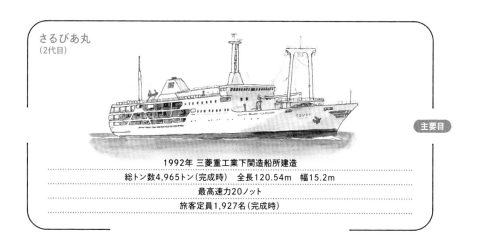

さるびあ丸
（2代目）

主要目

1992年 三菱重工業下関造船所建造

総トン数4,965トン（完成時）　全長120.54m　幅15.2m

最高速力20ノット

旅客定員1,927名（完成時）

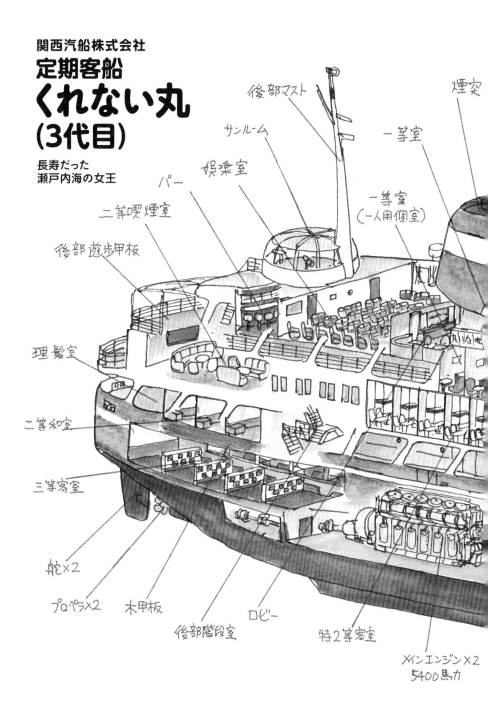

関西汽船株式会社
定期客船
くれない丸
（3代目）

**長寿だった
瀬戸内海の女王**

後部マスト

煙突

サンルーム

一等室

娯楽室

バー

一等室
（一人用個室）

二等喫煙室

後部遊歩甲板

理髪室

二等和室

三等客室

舵×2

プロペラ×2

木甲板

後部階段室

ロビー

特2等客室

メインエンジン×2
5400馬力

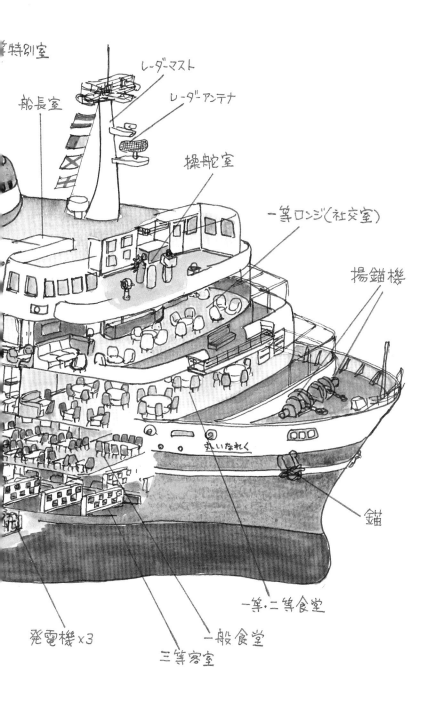

特別室

船長室

レーダーマスト

レーダーアンテナ

操舵室

一等ロンジ(社交室)

揚錨機

丸いなれく

錨

発電機x3

三等客室

一般食堂

一等・二等食堂

147

紅の系譜
くれない

　今から110余年前の1912年（明治45年）、当時の大阪商船の花形航路だった関西圏と九州有数の歴史ある温泉地である別府とを結ぶ瀬戸内海航路を盛り上げるため、ドイツ製の中古船ではあったが当時としては画期的な規模である1399総トンの大型客船を投入した。

　この船は紅丸（くれないまる）と名付けられ、大人気を博したが、そのあまりの人気に新造船が必要となり、12年後、当時まだ珍しかったディーゼル機関を採用し新造船も「くれなゐ丸」と名付けられた。

　この2代目は残念ながら戦没し、一旦その名は途切れたが戦後の日本はやがて高度成長期に入り、同航路を引き継ぎ運航していた関西汽船は千数百トン規模の船ばかりの同航路に本格的な豪華船を投入、それが「瀬戸内海の女王」と謳われたこの3代目のくれない丸である。

　ディーゼル機関のメインエンジンには当時最新鋭の技術であったターボチャージャーを組み込んで出力をアップさせて航海速度18ノットを実現し、それまで17時間かかっていた大阪〜別府間を14時間という短時間にすることに成功した。

　船内は一等、二等、三等のそれぞれの客室のグレードアップが図られ、特にサイズアップしたことによるパブリックスペース関係の充実は目覚ましく、観光航路としてクルーズ船のような公室が与えられた。

瀬戸内海航路観光船としての航海

　船内を見ていくとまず操舵室のある船橋甲板の最後部には遊歩甲板から階段で上がれる小さなサンルームと呼ばれる展望室があり、アクリル風防ガラスで覆われ、双眼鏡も備えた眺めのいい場所だった。

　その下の上部遊歩甲板の最前部には日本風のインテリアに贅を尽くした一等専用のラウンジがあり、そこから後方に向かって一等特別室が左右1部屋ずつ、そして一等室が2人部屋と1人部屋で配置されていた。さらに後方は一等と二等が使えるロビーがあり、最後部には夜間は映画の上映会が行われる娯楽室と軽食も提供可能なカウンターバーが備わっていた。

　遊歩甲板に降りると最前部は一等と二等の食堂がありその後ろは二段ベッドで4人部屋の特二等室、最後尾には二等室用の公室である喫煙室もあった。

　上甲板は前方右舷の一般食堂（一等や二等乗客も利用可）と後方の10〜12人定員の二等和室が主だったが、小さいながらも浴室となんと理髪室まで備わっていた。

　このように当時可能な限りの乗客向けの快適設備を3000トン弱の船体に詰め込み、1960年に神戸で完成した。

　ちなみにこの年は現在横浜港で保存船になっている日本郵船シアトル航路の貨客船の氷川丸が現役最終航海の年で何度も神戸にも立ち寄り、出来たばかりのくれない丸と出会っている。この時の2隻にもし人間の心があったとしたら、まさか遥か未来の63年後まで横浜港内で一緒に過ごすことになるとは夢にも思わなかっただろう。

　くれない丸の完成当初の昼間航海は朝7時大阪を出港して神戸に立ち寄り、波穏やかで風光明媚な瀬戸内海を通過し、午後5時10分に松山に到着する。

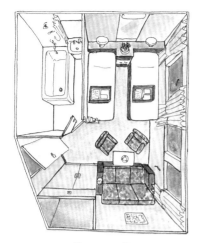

［一等特別室］

ソファセットとバスタブが備わった最上級客室。だがトイレはなぜか無い。広い窓が3つもあり、瀬戸内海の船旅はさぞや快適だったと思われる。

そして夜9時20分、別府港に到着し、わずか1時間半のインターバルで今度は夜行便として高松経由で神戸に戻っていった。

私が船旅を始めた高校時代にはすでに彼女は姉妹船のむらさき丸ともどもこの花形航路からは退いていたため乗船経験は無く、

別府から神戸までこの昼航便で乗ったのは当時最新のあいぼり丸だった。

貧乏学生の身で雑魚寝の二等室だったため、航海の大半はコンパスデッキにある煙突を模した展望室で仲良くなったアメリカから来た観光客と片言の英語で語らいながら過ごしていた。そこでは美しい瀬戸内海の景色と行き交う大小の島々が360度眺められ、それはたのしい船旅だった。

引退、そしてレストラン船へ

そしてこの3代目くれない丸、1980年代に入ると瀬戸内海航路のフェリー化の波に押されて引退し、解体されるところだったが、1989年に横浜でレストラン船のロイヤルウイングとして運よく再生し、2023年5月まで建造から63年という驚くべき長い年月活躍していた。しかし残念ながらこの記事を執筆直後に運航終了、5月14日のファイナルクルーズのたった220人の乗客の一人になれたことを一生の宝物にしたいと思う。

くれない丸
（3代目）

主要目

1960年 三菱重工業神戸造船所建造

総トン数2,928トン　全長86.7m　幅13.4m

最高速力19.6ノット

旅客定員1,113名（竣工時）

都立第五福竜丸展示館
保存マグロ延縄漁船（水産実習船）
第五福竜丸
死の灰を浴びた木造遠洋漁船

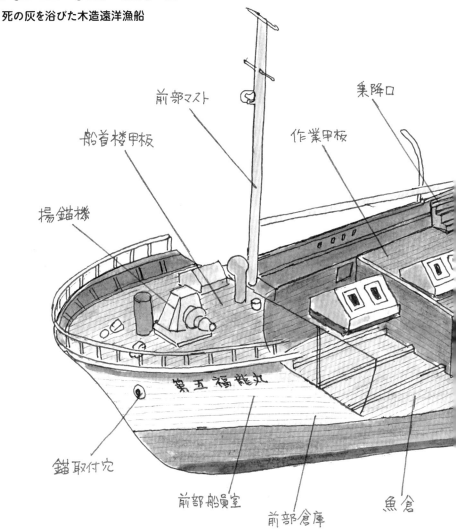

前部マスト

乗降口

船首楼甲板

作業甲板

揚錨機

錨取付穴

前部船員室

前部倉庫

魚倉

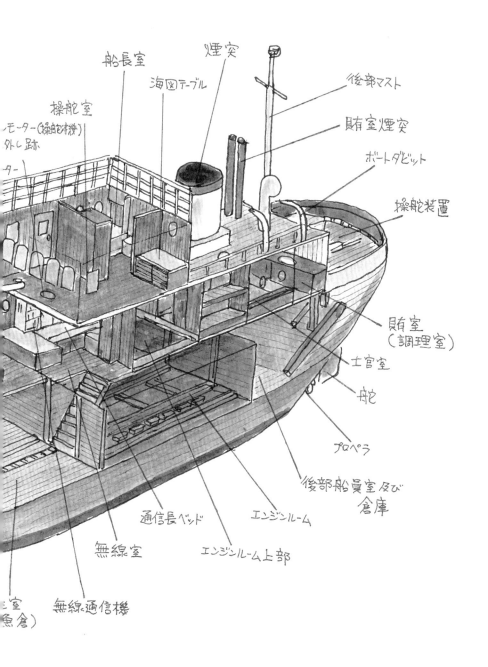

船長室

煙突

海図テーブル

後部マスト

賄室煙突

ボートダビット

操舵室

モーター(操舵機)
外し跡

ター

操舵装置

賄室
（調理室）

士官室

舵

プロペラ

後部船員室及び
倉庫

通信長ベッド

エンジンルーム

無線室

エンジンルーム上部

室

無線通信機

魚倉)

被ばく国の船が再び被ばく

　1954年（昭和29年）　3月1日未明太平洋赤道海域、マーシャル諸島のビキニ環礁沖合で操業していた日本のマグロ漁船群は真っ暗なはずの空に突然広範囲にわたって光輝く巨大な火の玉を目撃した。

　7〜8分後、海上には耳をつんざくような轟音が響き渡り、2時間ほどののち、サラサラな細かい粉末が船体に降り注いで作業甲板はまるで雪が積もったようになり、それは操業を行っていた乗組員たちの身体にも大量に付着した。

　その正体はその時近くで行われていた米軍の水爆実験による大量の放射能を帯びた放射性降下物、いわゆる「死の灰」だ。

　当時、日本の漁船は本来アメリカ合衆国が事前に公表していた危険海域外で操業していたが、水爆の威力が当初の想定をはるかに上回り、近隣の海域の多くの船がこの死の灰によって被ばくしてしまい、その中で最も被害が大きく23名の乗組員全員の被ばく、1名の死者を出してしまったのがこの静岡県焼津漁港のマグロ延縄漁船の第五福竜丸だ。

　彼女は戦争によって多くの漁船が失われ食糧難となった状況を解決すべく建造された漁船の一隻で1947年に神奈川県三崎港のカツオ漁船、第七事代丸として誕生した。

　数年後にマグロ延縄漁船に改造され、1953年、つまり被ばくの前年に焼津の漁業会社に売られて船名を第五福竜丸と改めた。その後、本来であれば15年と言われるこの種の平凡な木造漁船の天寿を全うするはずだったが、この太平洋上での出来事により数奇な運命をたどることとなった。

平和を願う象徴の船

　被ばく後に焼津港に戻ると、死の灰を大量に浴びた船、危険な船ということでマスコミに大きく取り上げられ、市場から遠く離れた場所で鉄条網に囲まれて係留されてしまう。やがて彼女を買い取った国は東京水産大学に預け、残留放射能の検査を行った。そして事件から2年後の1956年に水産実習船のはやぶさ丸として大改造が実施され、毎年夏の練習航海のほか、海洋調査にも使われた。

　1967年、建造から20年、練習船になってから約10年が経過した彼女の廃船処分が決定し、解体業者に売られて当時ごみの最終処理施設で船の墓場とも言われていた東京港の第14号埋立地、通称夢の島に運ばれ放置された。

　エンジンや機器類など金目のものはすべて外して転売され、彼女の船体は解体というよりもそのまま朽ち果てていくのを待つ状態で、やがて浸水し沈没しかけてゆく。

　ところが当時のマスコミがこの古い練習船がかつて死の灰を浴びた第五福竜丸であることを報じ、それによって全国で平和を願うあかしとして彼女の保存する運動が高まっていった。

　そして廃船から10年近い紆余曲折の保存運動の末、引き揚げられた彼女の船体は修復されたうえ、東京都に寄贈、都立公園となった夢の島の中に建設された展示館に永久保存されることとなった。

現在の状況

　JR新木場の駅から都立夢の島公園の

中を歩いて10分ほどのところに第五福竜丸
が保存展示してある東京都立第五福竜丸
展示館がある。

　館内には船体の保存展示はもちろん、死
の灰の実物や乗組員の日用品、船体模
型、ガイガーカウンターなどが展示され、外
部の展示館前ひろばには、亡くなった無線
長久保山愛吉さんの記念碑、放射能を浴
びたマグロの碑と並んで、第五福竜丸のエ
ンジンなどが展示され興味をそそられる。

　第五福竜丸の船体は木造であり、建造
後70年以上も経過し、10年近くもヘドロの
海に沈んでいたこともあって関係者の努力
で修復作業が行われたとはいえ船内は傷ん
でいる箇所もあり、危険が伴うために一般
の見学客が船内に立ち入ることは出来ない。

　今回、この図を描くために特別に船内を
案内していただいたが、練習船時代に造り
直され鉄製になった上部の船室部分と学生
室として改造された魚艙の一部など被ばく
当時の第五福竜丸とは様相が異なっている
ものの、昭和中期の遠洋漁船の構造を残
してくれていてとても興味深いものだった。

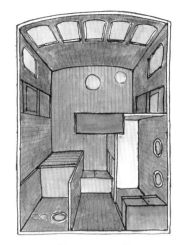

［操舵室及船長室］

残念ながら建造当時のものではなく、操舵機器も喪
失してしまっているが、昭和の漁船の船室の様子をよ
く留めている。

　通常、このような古い木造船が保存され
るケースはほとんどなく、こうした船の姿を
後世に残す貴重な資料として、原水爆のな
い世の中をつくるための平和遺産として、こ
れからも大切に末永く保存していただきたい
と思う。

第五福竜丸

主要目

1947年 古座造船所(和歌山)建造

総トン数140.86トン

全長28.56m　幅5.9m

航海速力8.5ノット

155

制作開始

うーむ‥‥

左舷からか？

右舷からか？

・視点の位置
・構図
・どの部屋を描くか
etc…
を決める

撮った動画を見ながら

画用紙にラフを描く

パソコン

何度も描き直し‥

どうやって描こう

パソコン

細かいところまで描き込んでいきます

いちばん時間がかかる作業です

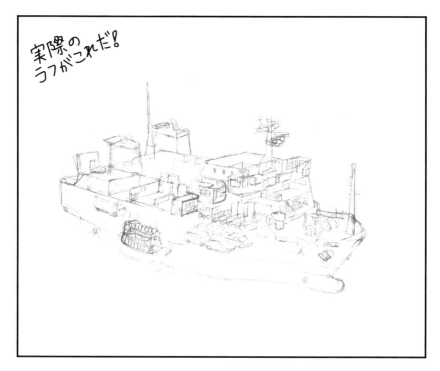

実際のラフがこれだ！

ラフができたら　トレース台にのせたラフの上に画用紙を置き ミリペンで本描き

定規　コンパス　などは使わない

特に大変！

複雑！ ウインドラス

椅子が多い！ レストラン

透明水彩で着色します

部屋、艤装品などの説明(名前)は別で書きあとで合成します

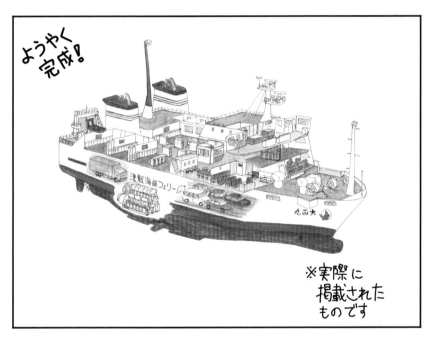

ようやく完成！

津軽海峡フェリー

大函丸

※実際に掲載されたものです

船の会社に送り確認してもらいます

OKなら…　やった〜

すべて完了！

大きな間違いがあると…

ミスが…　すみません

すべて描き直し（前のページに戻る）

協力会社・団体・個人 （順不同 敬称略）

郵船クルーズ株式会社
商船三井フェリー株式会社
株式会社商船三井
株式会社フェリーさんふらわあ
宮崎カーフェリー株式会社
マリックスライン株式会社
ジャンボフェリー株式会社
富士山清水港クルーズ株式会社
雌雄島海運株式会社
津軽海峡フェリー株式会社
小笠原海運株式会社
伊豆諸島開発株式会社
東海汽船株式会社
株式会社神戸クルーザー
株式会社クルーズクラブ東京
琵琶湖汽船株式会社
日本クルーズ客船株式会社
KDDIケーブルシップ株式会社
横浜市消防局
国土交通省中部地方整備局
国土交通省関東地方整備局
日本サルヴェージ株式会社
マルエーフェリー株式会社
東幸海運株式会社
株式会社オーシャン・ジオフロンティア
独立行政法人エネルギー・金属鉱物資源機構
三菱造船株式会社
佐世保重工業株式会社
内海造船株式会社

大島商船高等専門学校
学校法人東海大学
防衛省 海上自衛隊
国立研究開発法人海洋研究開発機構
国立研究開発法人日本原子力研究開発機構
東京都立第五福竜丸展示館
すぎおとひつじ（マンガ「船体解剖図ができるまで」制作）

「飛鳥」株式会社海事プレス社
「にっぽん全国たのしい船旅」イカロス出版株式会社
「世界の艦船」株式会社海人社
「船の科学」株式会社船舶技術協会
「にっぽんの客船タイムトリップ」INAX出版
「東海汽船130年のあゆみ」東海汽船株式会社
「第五福竜丸保存工事報告書」文化財建造物保存技術協会
「くれない丸／むらさき丸」有限会社モデルアート社
「Adieu Vingt et un──特別な日は、思い出の中へ」Nanbu201著
「原子力船むつ」株式会社ERC出版
「豪華客船新時代」毎日新聞社

参考文献 （順不同）

おわりに

前著「船体解剖図」を発行して2年が経過、その執筆前に襲ってきたコロナ禍はまだ完全収束は見いだせないものの、世の中は平常運転にもどりつつあります。

おかげさまで前著の発売当初はどこも品切れ状態が続き、出版社にも在庫がなくなるぐらいの大反響で第二刷、第三刷と版を重ねることが出来ました。

こうした中、まだまだ解剖図を描きたい船も数多くあり、読者の方々からのご要望もあって続編となるこの「船体解剖図NEO」を書くことを決意し、半年以上をかけて様々な船を取材させてもらってやっとこうして発刊までこぎつけることが出来ました。

取材にご協力いただいた、海運会社、造船所、関係諸団体そして船長をはじめとした乗組員の皆さま、本当にありがとうございました。ここに改めてお礼を申しあげます。また、絵は描けてもマンガの描けない私に代わって「船体解剖図が出来るまで」のマンガを描いてくれた、某大学院生で青函連絡船オタクのすぎおとひつじ嬢にも深く感謝します。

船を取材していると、乗船している私のことを見かけたその船の乗組員さんが近寄ってきて「プニップクルーズさんですよね！ 船体解剖図を愛読しています！ 本にサインしてください」と言われたことが何度もありました。船員さんといういわば船のプロの方から私の本が認められるというのは実に光栄なことでとても嬉しかったです。

今回も数百トンの小型船から外洋を走る数万トンの外航クルーズ客船まで、過去に存在した船も多く収録して35隻選択して描いてみました。この本や前著を通じて少しでも船に興味を持っていただける方が増えていくことを心より願っております。

著者プロフィール
プニップクルーズ／中村辰美

船舶専門のイラストレーター、画家
1957年(昭和32年)東京生まれ、東京育ち、二十代の二年間を兵庫県西宮市で過ごす。
船旅愛好家として川下りの舟からクルーズ客船まで年間70〜80隻の船に乗っているが、船酔いには決して強いほうではない。
中学生のころ、家族で出かけた伊豆大島までの船旅で船の魅力に取り憑かれる。それ以来、外国の大きな客船を見たくて横浜港や東京港に通いまくり、さらには船のイラストレーターとしてのパイオニアである故 柳原良平氏の著書に感銘をうけて船の絵を描き始めた。
高校時代にはアルバイトで貯めたお金で夜行の定期客船やフェリーに寝泊まりして、日本中を旅して回るという貧乏旅行や、一泊ではあるが初代「にっぽん丸」のクルーズまで楽しんでいた。
家庭の事情から美大ではなく一般大学に進学したため絵は独学で、一般の企業に就職してからは忙しさのあまり船や絵から少し遠ざかっていたが、インターネット時代になって再燃。
会社員生活の傍ら趣味でブログやSNSに自作の船の絵を投稿しているうちに船好きの方々や海運、港湾業界から認められるようになり、2018年(平成30年)に独立して現在に至っている。
画材は主に透明水彩絵の具やアクリル絵の具だが、油彩画や色鉛筆画、切り絵、デジタル画、ウッドバーニングアート(焼き絵)と様々な画材を使用し、画風も本格海洋画からデフォルメイラストまで多岐にわたっている。
作品はクルーズ客船のギフト商品、海事関係の団体の広報誌の表紙やノベルティグッズ、レストラン船やフェリーのパンフレット、船旅雑誌等のイラスト記事、船内航路表示ディスプレイのアイコン御船印などに採用され、東京海洋大学やクルーズ客船の船内での水彩画教室も実施。年に一度、横浜で個展を開催している。
また子どもたちにも船に親しんでもらいたくて客船キャラクターの「クルボン」を考案した。
創作用ネームのプニップクルーズ PUNIP cruisesは副業禁止だった会社員時代に隠れ蓑として考えたもので、「プニップ」とは昔、長男が子供時代に飼っていたハムスターの名前。
日々の活動は主に
Twitter (@punipcruises)にて発信中
公式ウェブサイトは
www.punipcruises.com

船体解剖図NEO

2023年 8 月25日 発行
2023年12月15日 第2刷発行

著者　　　プニップクルーズ／中村辰美
デザイン　岩崎圭太郎
発行人　　山手章弘
発行所　　イカロス出版株式会社

　　　　　〒101-0051
　　　　　東京都千代田区神田神保町 1-105
　　　　　出版営業部 03-6837-4661

印刷・製本
図書印刷株式会社